Bodo Rehfeldt

Fachrechnen

Gestalter/Gestalterin für visuelles Marketing

2018

Verlag Books on Demand

Das Lösungsheft
zu diesem Lehrbuch ist unter der
ISBN 978-3-746-05974-7
erhältlich.

© 2018
Herstellung und Verlag:
BoD - Books on Demand, Norderstedt

ISBN 978-3-746-05973-0

Vorwort

Marketing sind markt- und unternehmensbezogene Maßnahmen, mit denen Zielgruppen angesprochen und informiert werden sollen, um sie zum Kauf eines Produktes oder zur Inanspruchnahme einer Dienstleistung zu motivieren bzw. sie für eine Idee zu gewinnen. Marketing ist also ein zielorientiertes Informieren, Erinnern, Werben, Motivieren.

Dieses veränderte Tätigkeitsfeld der früheren Werbung führte 2004 zur Schaffung des Ausbildungsberufes „Gestalter/Gestalterin für visuelles Marketing".

Die einzelnen Lernfelder des Rahmenlehrplanes, die daraus resultierenden umfangreichen Tätigkeitsgebiete und die Auswertung der bisherigen IHK-Prüfungen waren die Grundlage für die Erarbeitung des ersten Buches „Fachbezogene Mathematik für den Beruf Gestalter/Gestalterin für visuelles Marketing". Weitere Wirkungskreise eines Gestalters/einer Gestalterin für visuelles Marketing sowie der Einsatz technischer Neuerungen und die daraus entstehenden fachkundlichen Fragestellungen und Probleme machten eine Überarbeitung und umfangreiche Erweiterung des ersten Buches notwendig.

Die neu aufgenommenen Sachgebiete und Fragestellungen orientieren sich einerseits an der beruflichen Praxi und stammen aus den Ausbildungs- und Prüfungsanforderungen. Darüber hinaus wurden Fragestellungen erläutert, die als Hintergrundwissen für die berufliche Praxis von Interesse sein können.

Gestalter/Gestalterinnen für visuelles Marketing sollen zwar ihr kreatives Talent ausleben, mit den verschiedensten Materialien, mit Farben, mit Licht, mit allen zur Verfügung stehenden Medien experimentieren, - sie sollen künstlerisch tätig sein. Doch die tollsten Ideen müssen sich auch verwirklichen lassen. Was auch getan wird, immer wird dabei gerechnet, das Budget ist zu berücksichtigen oder Materialien sind wirtschaftlich einzusetzen.

Überall spielen Zahlen eine wichtige Rolle, bei Rechnungen und Kalkulationen.

W. Malcher, Geschäftsführer im Hauptverband des deutschen Einzelhandels (HDE) hat gesagt: „Dazu braucht der Gestalter vor allem Kreativität und Überzeugungskraft, aber man darf auch nicht die kaufmännische Seite vergessen, denn gute Ideen müssen umsetzbar und bezahlbar sein".

Unter Berücksichtigung dieses Aspektes wurden die Aufgaben in diesem Buch zusammengestellt. Wegen der unterschiedlichen mathematischen Vorkenntnisse der Auszubildenden wurden zunächst die Grundrechenarten sowie grundlegende Rechenverfahren wiederholt. Den Schwerpunkt bilden allerdings die fachbezogenen Berechnungen zu allen Bereichen, die in der Berufspraxis vorkommen.

Kurzen Erläuterungen, bei denen versucht wurde, möglichst ohne Formeln auszukommen, diese durch fachliches Verstehen zu kompensieren und einigen Beispielaufgaben mit den entsprechenden Lösungen, folgen zahlreiche Aufgaben mit unterschiedlichen Schwierigkeitsgraden zum Lernen, Üben, Wiederholen und Festigen des Lehrstoffs.

Trotz aller Bemühungen bei der Erarbeitung des Buches kann keine Garantie auf absolute Vollständigkeit und Mangelfreiheit.gegeben werden.

Calau, im Januar 2018   B. Rehfeldt

Inhaltsverzeichnis

1. Mathematische Grundlagen

1.1. Zahlen, Ziffern und mathematische Zeichen

1.1.1. Zahlen und Ziffern

Zahlen sind im mathematischen Sinn das Ausdrucksmittel, mit dem Mengen erfasst werden, d.h., mit denen gezählt wird. Die Darstellung einer Zahl erfolgt mit Ziffern. So zählen z.B. Kleinkinder schon Gegenstände, ohne dass sie das geschriebene Zeichen dafür kennen, sie erfassen die Menge als Zahl. Die Preisauszeichnung auf Warenschildern z.B., die ein Gestalter für visuelles Marketing vorzunehmen hat, sind dagegen Ziffern.

In Deutschland ist der Gebrauch der arabischen Ziffern üblich. Bei dem vorwiegend in der Praxis benutzten Dezimalsystem sind es die 10 Ziffern 0, 1, 2, 3, 4, 5, 6, 7, 8 und 9. Im Gegensatz zu den noch existierenden römischen Ziffern, die wir unter anderem als Jahreszahlen an älteren Gebäuden kennen, sind die arabischen Ziffern besser und schneller lesbar und darzustellen. Die Ausführung von Berechnungen wird somit überschaubarer und vor allen Dingen auch leichter. Römische Ziffern werden heute nur noch mit spezieller gestalterischer Absicht eingesetzt (z.B. Kapitelnummerierungen bei Büchern, als Ziffern bei Uhren u.ä.).

Bei den Berechnungen, die in der Berufspraxis eines Gestalters/einer Gestalterin für visuelles Marketing durchgeführt werden, kommen folgende Zahlentypen vor:

* **Natürliche Zahlen**,
  die auch ganze Zahlen heißen, wie z.B. 1; 2; 7; 15; 146

* **Gerade Zahlen**
  sind natürliche Zahlen, die durch 2 teilbar sind, wie z.B. 2; 4; 6; 14; 110

* **Ungerade Zahlen**
  sind dagegen die natürlichen Zahlen, die nicht durch 2 teilbar sind, wie z.B. 1; 3; 5; 17; 99; 211

* **Bruchzahlen**
  sind keine natürlichen Zahlen, weil sie den Teil einer ganzen Zahl, Einheit oder Größe ausdrücken. Bruchzahlen unterscheiden wir wiederum in

  * Dezimalbrüche
  * Echte Brüche
  * Unechte Brüche
  * Gemischte Zahlen

1.1.2. Mathematische Zeichen

Damit eine Berechnung überhaupt ausgeführt werden kann, muss bekannt sein, wie und was gerechnet werden soll. Die Symbole, die dieses ausdrücken, die also die vorzunehmende Rechenoperation vorgeben, sind weitestgehend international vereinheitlicht und in Deutschland mit einer DIN festgeschrieben.

Auch hier sollen folgend die in den berufsspezifischen Berechnungen vorkommenden Zeichen aufgeführt werden:

Zeichen	Aussprache	Zeichen	Aussprache
=	ist, gleich, ist gleich	....^{2}	hoch 2, Quadrat
≠	ungleich	....^{3}	hoch 3, Kubik
≈	annähernd, rund	$\sqrt{}$	Quadratwurzel aus …
<	kleiner als	( )	runde Klammern
>	größer als	[ ]	eckige Klammern
+	plus, und	%	Prozent
-	minus, weniger	$^0/_{00}$	Promille
• oder x	mal	....$^{\circ}$	Grad (bei Winkelangaben)
: oder /	durch, geteilt durch	π	Pi (3,142592654… ≈ 3,14)

1.2. Grundrechenarten

Die 4 Grundrechenarten der Mathematik sind Addition, Subtraktion, Multiplikation und Division. Sie sind die Grundlage für alle mathematischen Berechnungen im Rahmen des Berufes visuelles Marketing.

1.2.1. Addition

Bei der Addition (dem Zusammenzählen) werden zwei oder mehrere Zahlen durch das Rechenzeichen „+" (gesprochen: plus) verbunden.

Die Bezeichnung der einzelnen Zahlen:

$$\textbf{Summand} \; + \; \textbf{Summand} \; = \; \textbf{Summe}$$
$$15 \quad + \quad 8 \quad = \quad 23$$

Merke:

- Ganze Zahlen und Dezimalzahlen werden addiert, indem die Ziffern mit den gleichen Stellenwerten untereinandergeschrieben und addiert werden (Faustregel: Komma unter Komma)

- Grundsätzlich können nur Zahlen mit gleichen Benennungen (z.B... €, kg, m²) addiert werden.

- Summanden können in ihrer Reihenfolge beliebig vertauscht werden. Das Ergebnis ändert sich nicht.

Übungsaufgaben:

1. 35 + 24 + 215 + 1.210

2. 67 + 102,5 + 211 + 613,75

3. 5,7 kg + 7,380 kg + 13,5 kg + 22,185 kg + 7 kg

4. 5 m² + 65,7 m² + 0,85 m² + 17,15 m² + 49,94 m²

5. 43,76 € + 1.430,35 € + 128,12 € + 9,20 €

6. Zur Herstellung eines speziellen Farbtones werden folgende Farben gemischt: 5,3 l blaue Farbe; 3,55 l gelbe und 1,5 l weiße Farbe.
    Wie viel l erhalten Sie bei dieser Mischung?

7. Bei einer Inventur im Materiallager erfassen Sie 8,2 m², 17,6 m², 6,83 m², 15,75 m² und 112 m² Hartfaserplatten.
    Wie viel m² dieser Platten haben Sie noch vorrätig?

8. Der Firmen-Pkw ist zur Inspektion. Sie werden gebeten, gegen Bezahlung mit dem eigenen Wagen zu den Einsatzorten zu fahren. In der letzten Woche waren es am Montag 38,7 km, Dienstag 38,7 km, Mittwoch 4,8 km, Donnerstag 114,3 km, Freitag 0,9 km.
    Wie viel km können Sie für diese Woche abrechnen?

9. Eine Gestalterin für visuelles Marketing kann über einen bestimmten Zeitraum folgende Beträge auf dem Sparkonto einzahlen: 230,- €, 177,55 €, 94,75 €, 1.237,24 €, 31,06 € und 542,- €.
    Wie viel € hat die Gestalterin insgesamt gespart?

1.2.2. Subtraktion

Beim Subtrahieren (dem Abziehen) werden zwei oder mehrere Zahlen durch das Rechenzeichen „-" (gesprochen: minus) verbunden und voneinander abgezogen. Somit wird zwischen diesen Zahlen die Differenz ermittelt.

Die Bezeichnung der einzelnen Zahlen:

Minuend - Subtrahend = Differenz

25 - 8 = 17

Merke:

> • Die Subtraktion ist die Umkehrung der Addition. Deshalb gilt auch hier: Es können nur Zahlen mit gleichen Benennungen (z.B... €, kg, m²) subtrahiert werden.
>
> • Bei der Subtraktion sind Minuend und Subtrahend nicht tauschbar.

Übungsaufgaben:

1. 987 – 394

2. 138,5 – 4,7

3. 376,03 – 7,889

4. Sie wollen mit einem Auto zu einem Einsatzort fahren. Im Kfz-Brief steht: Leergewicht 1.350 kg; zulässiges Gesamtgewicht 1,8 t. Sie (75 kg) nehmen noch eine Kollegin (55 kg) und in der Werkstatt gefertigte Dekorationselemente im Gesamtgewicht von 204 kg mit. Der gefüllte Tank wiegt 42 kg. Sie müssen allerdings auch noch Werkzeuge und weitere Deko-Materialien mitnehmen.
   Ermitteln Sie, wie viel davon höchstens noch zugeladen werden kann!

5. Ein Gestalter/eine Gestalterin für visuelles Marketing bezieht einen monatlichen Bruttolohn von 1.984,50 €. Folgende Abzüge werden einbehalten: 137,26 € Krankenversicherung, 16,74 € Pflegeversicherung, 109,20 € Lohnsteuer, 198,98 € Rentenversicherung, 63,98 € Arbeitslosenversicherung und 5,56 € Solidaritätszuschlag.
   Wie viel € erhält der Gestalter/die Gestalterin am Monatsende ausgezahlt?

6. Am Lager ist noch ein Gebinde mit 14 Liter Kleister. Am ersten Tag werden 3,5 l verbraucht, am zweiten Tag 2,55 l, am dritten Tag 4,6 l.
   Wie viel Liter bleiben noch für den vierten Tag?

1.2.3. Multiplikation

Beim Multiplizieren (dem Malnehmen) werden zwei oder mehrere Zahlen durch das Rechenzeichen „·" (gesprochen: mal) verbunden. Das bedeutet, dass diese Zahlen malgenommen werden und das Produkt bilden.

Die Bezeichnung der einzelnen Zahlen:

$$\textbf{Faktor} \quad \cdot \quad \textbf{Faktor} \quad = \quad \textbf{Produkt}$$
$$\textbf{15} \quad \cdot \quad \textbf{7} \quad = \quad \textbf{105}$$

Gelegentlich wird der erste Faktor auch als Multiplikand und der zweite als Multiplikator bezeichnet.

Merke:

- Die Faktoren können in ihrer Reihenfolge beliebig vertauscht werden. Das Ergebnis ändert sich nicht.

- Haben die Faktoren ungleiche Vorzeichen, ist das Produkt negativ. Sind die Vorzeichen gleich, ist es positiv.

- Das Produkt ist positiv, wenn die Anzahl der negativen Vorzeichen eine gerade Zahl ergibt.

- Bei der Multiplikation von Dezimalzahlen werden beim Produkt die Kommastellen nach links abgestrichen, die die Faktoren insgesamt haben.

- Werden Größen miteinander multipliziert, ist das Produkt die gleiche Größe mit der entsprechenden Hochzahl (Exponent). z.B..: $m \cdot m = m^2$ oder $m \cdot m \cdot m = m^3$

- Kommen in einer Aufgabe neben der Multiplikation auch Addition oder Subtraktion vor, gilt die Regel: Punktrechnen geht vor Strichrechnen.

- Bei der Multiplikation mit der Zahl 0 ist das Produkt immer Null.

Übungsaufgaben:

1. $79 \cdot 3 \cdot 12$

2. $6,03 \cdot 7,2$

3. $(-12) \cdot (-17,3)$

4. $19,3 \cdot (-0,5)$

5. $6 \cdot 7 + 8 \cdot 3 - 17$

6. $3,55 \text{ m} \cdot 2,20 \text{ m}$

7. Multiplizieren Sie die Summe der Zahlen 26,75 und 36,33 mit der Differenz der Zahlen 51,2 und 47,8.

8. Für die Ausgestaltung eines Strand- und Seefestes wurden 6 Schiffsattrappen in der Werkstat gefertigt. Jede wiegt 75,5 kg.
    Welches Gesamtgewicht muss für den Transport eingeplant werden?

9. Der m²-Preis für schwer entflammbaren Dekorationsstoff ist 4,29 €.
    Wie viel € werden dem Kunden für 22,5 m² in Rechnung gestellt?

10. Für die Gestaltung von Obst- und Gemüseabteilungen einer Handelskette werden Attrappen beim Deko-Handel bestellt. 75 Orangen zu je 1,60 €, 50 Zitronen zu je 1,20 €, 18 Ananas zu je 3,70 €, 70 Kiwis zu je 1,20 €, 20 Bund Bananen zu je 6,70 € und 36 Weintrauben zu je 6,80 €.
    Wie viel kostet die gesamte Bestellung?

11. Der Stundenlohn eines Gestalters für visuelles Marketing beträgt 10,25 €.
    Wie hoch ist der Wochen-Bruttolohn bei 38,5 Std. Arbeitszeit?

12. Für das Bespannen eines Laufstegs zur Modenschau werden 50 lfd. Meter Samtstoff benötigt. Es liegen 2 Angebote vor.
    Berechnen Sie die Endbeträge beider Lieferanten einschließlich Mehrwertsteuer.
    Angebot A: Baumwollsamt zu je 15,29 €/m²
    Angebot B: Stretchsamt zu je 12,99 €/m²

13. Der Leiter der Marketingabteilung hat für eine Werbeaktion Hilfskräfte eingesetzt und muss diesen nun den Lohn auszahlen. Da er nur noch 215,83 € in der Barkasse hat, holt er 1.000,- € von der Bank. Die erste Hilfskraft hat 42 h gearbeitet und bekommt dafür je h 10,70 €. Bei der zweiten sind es 34 h zu je 11,30 € und für die dritte 27 h zu je 11,90 €.
    Wie viel Geld ist nach der Auszahlung noch in der Kasse?

14. Für die Anfertigung mehrerer Spannrahmen für die Wandverkleidung mit Stoff werden 16 Holzlatten zu je 3,90 m Länge, 32 Holzlatten zu je 2,80 m Länge und 32 Holzlatten zu je 1,90 m Länge gebraucht.
    a. Wie viel Meter Holzlatten sind das insgesamt?
    b. Wie viel kosten diese Latten, wenn der Preis 25 Cent für 1 m beträgt?

1.2.4. Division

Die Division ist die Umkehrung der Multiplikation.

Beim Dividieren (dem Teilen) werden zwei Zahlen durch das Rechenzeichen „:"
(gesprochen: geteilt durch) verbunden.

Die Bezeichnung der einzelnen Zahlen:

$$\textbf{Dividend} \quad : \quad \textbf{Divisor} \quad = \quad \textbf{Quotient}$$
$$\textbf{96} \quad : \quad \textbf{8} \quad = \quad \textbf{12}$$

Merke:

- Dividend und Divisor können **nicht** vertauscht werden.
- Haben die zu teilenden Zahlen ungleiche Vorzeichen, ist der Quotient negativ. Sind die Vorzeichen gleich, ist es positiv.
- Ist der Dividend kein ganzzahliges Vielfaches des Divisors, so bleibt beim Teilen ein „Rest" übrig. Der wird gelegentlich auch als solches angegeben. Meist erscheint er jedoch in Form von Nachkommastellen.
- Beim schriftlichen Dividieren werden die beiden Zahlen so erweitert, dass der Divisor kommafrei ist.
- Kommen in einer Aufgabe neben der Division auch Addition oder Subtraktion vor, gilt die Regel: Punktrechnen geht vor Strichrechnen.
- Eine Division durch die Zahl 0 ist nicht möglich, es ergibt kein Ergebnis.

Übungsaufgaben:

1. 3.658 : 21
2. 742,15 : 22,7
3. (- 376) : (- 16)
4. 18,9 : (- 9)
5. 16 + 42 : 3 • 4 − 3 • 5 + 63 : 9 − 11
6. 1.058,66 € : 86
7. 6,88 € : 1,60 kg

8.   15,66 m² : 2,70 m

9.   Der Stundenlohn eines Gestalters für visuelles Marketing beträgt 10,25 €. Wie hoch ist der Wochen-Bruttolohn bei 38,5 Std. Arbeitszeit?

10.   Auf einem vorrätigen Ballen Dekorationsstoff (1,40 m breit) befinden sich noch 41,20 m. Daraus sollen für eine Bespannung von 3 Schaufensterrückwänden je Fenster 4 Bahnen mit einer Länge von 3,60 m geschnitten werden. Reicht der vorrätige Stoff? Wie viel bleibt übrig bzw. fehlt?

11.   Auf einem Ballen Stoff befinden sich 50 lfd. Meter. 2,30 m werden für das Nähen einer Fahne benötigt.
     a.   Wie viel Fahnen können aus einem Ballen genäht werden?
     b.   Wie viel Meter Stoff bleibt noch übrig?

12.   Die elektronischen Medien Fernsehen und Rundfunk sind wichtige und interessante Werbeträger für ein modernes Marketingkonzept, sie haben eine hohe Reichweite und erreichen viele Menschen. Das hat aber auch seinen Preis. Bei der Fernsehstation XYZ kostet z.B. die Werbesekunde 580,- €. Dafür werden aber auch durchschnittlich 1.200.000 Menschen erreicht (Stand 2005).
Wie viel Kosten werden bei einem einminütigen Fernsehspot pro Empfänger der Werbebotschaft eingeplant?

13.   Schaufensterwerbung ist für den Einzelhandel die günstigste Möglichkeit, die wichtigen Marketingfaktoren Werben und Verkaufen zu vereinen. Allerdings sollte deshalb auch bei einem Schaufenster in belebter Stadtstraße die Dekoration aller 2,5 Wochen geändert werden.
Wie viel neue Schaufensterauslagen sind das rund im Jahr?

14.   Zur Eröffnung der Sommersaison sind 6 Abteilungen eines Kaufhauses entsprechend zu gestalten. Die Planung sieht für die Ausstattung und Gestaltung einer Verkaufsabteilung 12 Arbeitsstunden vor. Für den gesamten Ablauf stehen 3 Tage zur Verfügung.
Wie viele Mitarbeiter müssen bei einem 8-stündigen Arbeitstag eingeplant werden, um in 3 Tagen fertig zu werden?

15.   Sie sind für den Aufbau der Licht- und Tontechnik auf einer Eventbühne verantwortlich. Bei einem vergleichbaren Einsatz benötigten 4 Fachkräfte 6 Stunden. Sie können mit dem Aufbau um 09:00 Uhr beginnen, sollen je-doch 13:00 Uhr fertig sein.
Wie viel Mitarbeiter müssen eingesetzt werden, um den Termin 13:00 Uhr einzuhalten?

1.3. Bruchrechnen

Im Alltag, wie auch in der beruflichen Tätigkeit, hat man nicht nur mit „ganzen" Dingen zu tun. Der Weg zur Arbeit beträgt z.B. eine dreiviertel Stunde, dort verarbeitet man zweieinhalb MDF-Platten zu einem viertel Meter großen Dekorationselement.

Teilstücke, Bruchteile, Reststücke sind also Dinge, die uns überall begegnen. Ein Bruch ist ein Teil eines Ganzen und berechnet wird dieser Anteil mit der Bruchrechnung.

Die Mathematik kennt zwei verschiedene Arten, einen Bruch darzustellen. Da gibt es zum einen die Schreibweise als Kommazahl, die sogenannte **Dezimalzahl** und zum anderen die Darstellung als **gemeiner Bruch**. Ein gemeiner Bruch besteht aus 3 Teilen, dem **Zähler** (der Zahl oben), dem **Nenner** (der Zahl unter) und dazwischen dem **Bruchstrich**.

Merke:

- Dezimalbrüche
  geben die Teilwerte als Nachkommaziffer(n) an,
  wie z.B. 0,2; 1,45; 20,375
- Gemeine Brüche
  werden nach folgenden Arten bzw. Begriffen unterschieden:
- Echte Brüche
  sind Brüche, bei denen der Zähler kleiner ist als der Nenner,
  wie z.B. $\frac{1}{4}$; $\frac{1}{2}$; $\frac{3}{4}$; $\frac{5}{11}$; $\frac{13}{55}$
- Unechte Brüche
  dagegen haben einen größeren Zähler als Nenner,
  wie z.B. $\frac{9}{4}$; $\frac{11}{2}$; $\frac{12}{7}$; $\frac{29}{14}$
  Unechte Brüche lassen sich in gemischte Zahlen umwanden.
- Gemischte Zahlen
  setzen sich aus ganzer Zahl und echtem Bruch zusammen.
  Die Beispiele der unechten Brüche lauten als gemischte Zahl:
  2 $\frac{1}{4}$; 5 $\frac{1}{2}$; 1 $\frac{5}{7}$; 2 $\frac{1}{14}$
- Gleichnamige Brüche
  haben alle den gleichen Nenner, wie z.B. $\frac{1}{7}$; $\frac{3}{7}$; $\frac{6}{7}$
  Eine Gleichnamigkeit ist Bedingung für die Addition und Subtraktion.
- Ungleichnamige Brüche
  besitzen unterschiedliche Nenner, wie z.B. $\frac{3}{5}$; $\frac{5}{8}$; $\frac{1}{11}$

Rechenregeln:

I. Erweitern

heißt, Zähler und Nenner werden mit der gleichen Zahl multipliziert.
Der Wert des Bruches bleibt trotzdem erhalten.
(Beispiel: $^2/_5$ mit 3 erweitern = $^6/_{15}$)

II. Kürzen

heißt, Zähler und Nenner werden mit der größten gemeinsamen Zahl dividiert. Der Wert des Bruches bleibt trotzdem erhalten.
(Beispiel: $^{24}/_{32}$; größte gemeinsame Zahl, mit der Zähler und Nenner geteilt
werden kann, ist 8 = $^3/_4$)

III. Addition und Subtraktion

setzen voraus, dass die Brüche gleichnamig sind, sie müssen den gleichen
Nenner haben. Dann werden die Zähler addiert bzw. subtrahiert, während
der Nenner unverändert bleibt.
(Beispiele: $^1/_7 + ^3/_7 = ^4/_7$
   $^2/_3 + ^3/_5 = ^{10}/_{15} + ^6/_{15} = ^{16}/_{15} = 1\,^1/_{15}$)

IV. Multiplikation

von Brüchen heißt, Zähler mit Zähler und Nenner mit Nenner werden multipliziert. Gemischte Zahlen werden gegebenenfalls erst in unechte Brüche umgewandelt.
(Beispiel: $^5/_6 • 1\,^1/_3 = ^5/_6 • ^4/_3 = ^{20}/_{18} = 1\,^2/_{18} = 1\,^1/_9$)

V. Division

ist die Umkehroperation der Multiplikation. Das bedeutet, beim Dividieren
von Brüchen wird vom zweiten Bruch (Divisor) der Kehrwert gebildet, da-
nach wird mit diesem Kehrwert multipliziert. Es gelten die Regeln
der Multiplikation.
(Beispiel: $^5/_6 : ^3/_7 = ^5/_6 • ^7/_3 = ^{35}/_{18} = 1\,^{17}/_{18}$)

VI. Umwandeln von gemeinen Brüchen in Dezimalbrüchen

erfolgt, indem der Bruchstrich durch ein Divisionszeichen ersetzt wird,
d.h., der Zähler wird durch den Nenner dividiert.
(Beispiel: $^3/_5 = 3 : 5 = 0,6$)

Übungsaufgaben:

1. Kürzen Sie folgende Brüche so weit wie möglich:

   a. $^{33}/_{66}$ d. $^{45}/_{225}$

   b. $^{24}/_{32}$ e. $^{275}/_{550}$

   c. $^{19}/_{38}$ f. $^{336}/_{560}$

2. Erweitern Sie folgende Brüche:

   a. $^{3}/_{7}$ mit 5   d. $^{9}/_{25}$ mit 3

   b. $^{3}/_{5}$ mit 12   e. $^{11}/_{12}$ mit 7

   c. $^{1}/_{7}$ mit 8   f. $^{14}/_{25}$ mit 4

3. Erweitern Sie die Brüche so, dass sie alle den Nenner 24 haben und damit gleichnamig sind:

   a. $^{1}/_{2}$ d. $^{5}/_{6}$

   b. $^{3}/_{4}$ e. $^{5}/_{8}$

   c. $^{2}/_{3}$ f. $^{1}/_{12}$

4. Lösen Sie folgende Additions- und Subtraktionsaufgaben:

   a. $^{3}/_{4} + ^{1}/_{3}$ d. $2\,^{1}/_{2} - 1\,^{3}/_{4}$

   b. $^{3}/_{8} + ^{2}/_{3} + ^{5}/_{6}$ e. $^{1}/_{2} + ^{2}/_{3} - ^{5}/_{6}$

   c. $^{1}/_{4} - ^{1}/_{6}$ f. $^{11}/_{12} - ^{1}/_{3} - ^{1}/_{4}$

5. Für einen Auftrag werden Tischlerplatten benötigt. Es befinden sich noch folgende Reststücke im Lager: $^{1}/_{2}$ m²; $^{1}/_{3}$ m²; $^{3}/_{4}$ m² und $^{3}/_{8}$ m².
   Wie viel m² sind insgesamt noch vorhanden?

6. Auf einem Stoffballen befinden sich $3\,^{1}/_{2}$ lfd. Meter Stoff. Nacheinander werden davon verbraucht: $1\,^{3}/_{4}$ m und $^{5}/_{6}$ m.
   Wie viel m sind noch übrig?

7. Ein Mitarbeiter hat in dieser Woche täglich Überstunden leisten müssen. Es kamen zusammen: $1\,^{1}/_{2}$ h, $^{3}/_{4}$ h, $2\,^{1}/_{4}$ h, $^{3}/_{4}$ h und $1\,^{1}/_{4}$ h.
   Wie viel Überstunden waren das in dieser Woche?

Mathematische Grundlagen

8. Multiplizieren bzw. dividieren Sie die Brüche:

   a. $\frac{1}{2} \cdot \frac{2}{3}$ d. $1\frac{2}{3} : 1\frac{1}{2}$

   b. $1\frac{1}{3} \cdot \frac{5}{6}$ e. $\frac{2}{3} \cdot \frac{4}{5} : \frac{1}{4}$

   c. $\frac{4}{5} : \frac{3}{5}$ f. $2\frac{1}{6} : 2\frac{1}{6}$

9. In der Marketingabteilung eines Kaufhaus-Centers sind 24 Personen beschäftigt. Davon sind $\frac{2}{3}$ Frauen, $\frac{7}{12}$ kommen täglich von auswärts und $\frac{1}{8}$ sind Auszubildende.
   a. Wie viel Frauen und wie viel Männer arbeiten in der Abteilung?
   b. Wie viel Mitarbeiter wohnen nicht am Arbeitsort?
   c. Wie viel Azubis lernen in der Marketingabteilung?

10. Für das Anfertigen von Dekorationselementen haben Sie $2\frac{1}{4}$ h Zeit. Wie viel h sind vergangen, wenn $\frac{1}{3}$ der Zeit vorüber ist?

11. Eine $2\frac{4}{5}$ m lange Holzleiste ist in 4 gleich große Stücke zu zersägen. Wie lang wird jedes Stück?

12. In der Marketingabteilung eines Discounts werden 36 Azubis ausgebildet. Davon sind $\frac{5}{12}$ im 1.Lehrjahr, $\frac{2}{9}$ sind im 2.Lahrjahr und die Restlichen lernen im 3.Jahr. Wie viel Azubis gehören zu den einzelnen Lehrjahren?

13. Ein Gestalter für visuelles Marketing benötigt für einen Dekorationsauftrag 11 Leisten zu je $\frac{1}{4}$ m Länge. Im Lager befinden sich aber nur Stäbe von 1 m Länge. Wie viel Stäbe zu 1 m Länge werden verarbeitet?

14. Die Deko-Werkstatt eines Kaufhauses stellt für die Frühjahrsdekoration Blumen aus Draht und Seidenpapier her. Am ersten Tag schafft sie $\frac{1}{4}$ der benötigten Stückzahl. Am Folgetag sind es $\frac{4}{15}$.
    a. An welchem Tag wurden mehr Blüten hergestellt?
    b. Welcher Bruchteil der benötigten Blüten muss noch angefertigt werden?

15. Am Lager befinden sich noch 2 Gebinde mit je $7\frac{1}{2}$ l Innenwandfarbe. Für einen größeren bevorstehenden Auftrag wird ein weiterer Eimer gekauft, der hat aber $12\frac{1}{2}$ l Inhalt. Verbraucht werden später bei der Ausführung des Auftrages $20\frac{3}{4}$ l. Wie viel Farbe ist noch übrig?

1.4. Potenzieren und Radizieren

1.4.1. Potenzieren

ist die verkürzte Form des Multiplizierens von gleichen Faktoren. In der Berufspraktik des Gestalters/der Gestalterin für visuelles Marketing kommt das Potenzieren hauptsächlich in geometrischen Aufgaben vor, bei der Berechnung von Flächen- und Rauminhalten.

Beispiel: Ein Quadrat hat eine Seitenlänge von 5 cm.
Wie groß ist der Flächeninhalt?

$$a \cdot a = a^2$$

Also: $5 \text{ cm} \cdot 5 \text{ cm} = 5^2 \text{ cm}^2 = \underline{\underline{25 \text{ cm}^2}}$

Der Flächeninhalt des Quadrates beträgt 25 cm².

Übungsaufgaben:

1. Lösen Sie folgende Aufgaben:

   a. $3 \cdot 3 \cdot 3$

   b. 12^2

   c. $1{,}7 \cdot 1{,}7$

   d. $4{,}2^3$

   e. 8^4

   f. $\text{dm} \cdot \text{dm} \cdot \text{dm}$

   g. $(3{,}5 \text{ cm})^2$

   h. $\left(\dfrac{3}{7}\right)^2$

2. Wie groß ist der Flächeninhalt eines quadratischen Tisches, der eine Kantenlänge von 1,25 m hat?

3. Auf einem Festplatz muss vor seiner Benutzung erst noch einmal der Rasen gemäht werden. Er ist 75 m lang und 75 m breit.
   Wie groß ist die zu mähende Fläche?

1.4.2. Radizieren

ist die Umkehrung des Potenzierens, es wird Wurzelziehen genannt. Bei der Berufsausübung kommt hauptsächlich das Errechnen der Quadrat- und Kubikwurzel vor.

Merke: Das Wurzelzeichen hat Klammerbedeutung. Es müssen vor dem Radizieren erst die Berechnungen unter dem Wurzelzeichen ausgeführt werden.

(Wir führen diese Rechnung mit dem Taschenrechner aus.)

Beispiele:
$$\sqrt{36} = \sqrt{6^2} = 6$$
$$\sqrt[3]{64} = \sqrt[3]{4^3} = 4$$
$$\sqrt{2{,}25} = 1{,}5$$
$$\sqrt{9 + 16} = \sqrt{25} = 5$$

Übungsaufgaben:

1. Ziehen Sie die Wurzeln:

   a. $\sqrt{81}$

   b. $\sqrt[3]{343}$

   c. $\sqrt{5{,}0625}$

   d. $\sqrt[3]{10{,}648}$

   e. $\sqrt{7{,}84\,\text{m}^2}$

   f. $\sqrt{506{,}25} : \sqrt{81}$

   g. $\sqrt[3]{1.000\,\text{cm}^3}$

   h. $\sqrt[3]{4 \bullet 949{,}104}$

   i. $\sqrt[4]{10.000}$

   j. $\sqrt{38 + 87 - 76}$

   k. $\sqrt{\dfrac{75}{12}}$

2. Wie lang ist die Seite eines quadratischen Fotos, wenn es eine Fläche von 676 cm² hat?

3. Für die Anfertigung einer quadratischen Tischdecke wurden 4,84 m² Stoff verarbeitet.
   Wie lang ist eine Seite der Tischdecke?

4. Auf einer Fläche von 25 m² wurden 100 quadratische Gehwegplatten verlegt. Wie breit und wie lang ist eine dieser Platten?

2. Maßeinheiten und ihre Umrechnung

Wesentliche Grundlagen bei den Berechnungen im visuellen Marketing sind die Maßeinheiten und ihre Umrechnung.

Bei den Materialbedarfsberechnungen geht es vor allem um Längen-, Flächen- und Volumeneinheiten. Aber auch das Wissen um die Zeit- und Gewichtsgrößen ist für Kalkulationen wichtig.

Längeneinheiten und die Umrechnung

In Deutschland wird hauptsächlich in Millimeter, Zentimeter, Meter und Kilometer gerechnet. Der Umrechnungsfaktor ist meistens 10.

Ausländische Maßeinheiten, wie Inch und Yard, spielen im visuellen Marketing keine Rolle.

Bezeichnung	Maßeinheit	Umrechnung
Millimeter	mm	
Zentimeter	cm	1 cm = 10 mm
Dezimeter	dm	1 dm = 10 cm = 100 mm
Meter	m	1 m = 10 dm = 100 cm = 1.000 mm
Kilometer	km	1 km = 1.000 m

Übungsaufgaben:

1. 3.500 mm = ... m

2. 15 dm = ... cm

3. 2,37 m = ... mm

4. 1.150 m = ... km

5. 255 mm + 1,6 m − 46 cm = ... m

6. 0,9 m − 7,2 dm + 25 cm = ... mm

7. 3,2 dm + 1,05 m + 325 mm = ... cm

Flächeneinheiten und die Umrechnung

Preisangabe (€/m²) oder Materialverbrauch (g/m²) beziehen sich häufig auf 1 Quadratmeter. Der Umrechnungsfaktor ist meistens 100.

Bezeichnung	Maßeinheit	Umrechnung
Quadratmillimeter	mm²	
Quadratzentimeter	cm²	1 cm² = 100 mm²
Quadratdezimeter	dm²	1 dm² = 100 cm² = 10.000 mm²
Quadratmeter	m²	1 m² = 100 dm² = 10.000 cm²
Ar	a	1 a = 100 m²
Hektar	ha	1 ha = 100 a = 10.000 m²

Übungsaufgaben:

1. 25.000 cm² = ... m²

2. 7 dm² = ... cm²

3. 45.750 mm² = ... m²

4. 6,34 m² = ... cm²

5. 2,3 m² + 1.340 cm² = ... dm²

6. 6.350 mm² - 0,61 dm² = ... cm²

7. 512 cm² + 600 mm² - 0,01 m² = ... dm²

Volumeneinheiten und die Umrechnung

Kubikzentimeter, Kubikmeter und Liter sind die am häufigsten benutzten Volumengrößen. Der Umrechnungsfaktor ist 1.000.

Eine weitere wichtige Umrechnung lautet: 1 dm³ = 1 l.

Bezeichnung	Maßeinheit	Umrechnung
Kubikmillimeter	mm³	
Kubikzentimeter	cm³	1 cm³ = 1.000 mm³
Kubikdezimeter	dm³	1 dm³ = 1.000 cm³ = 1 l
Kubikmeter	m³	1 m³ = 1.000 dm³ = 1.000.000 cm³
Liter	l	1 l = 1 dm³
Hektoliter	hl	1 hl = 100 l

Übungsaufgaben:

1.　　3,5 m³　　　　　　　　　=　　　.................... l

2.　　700 cm³　　　　　　　　=　　　.................... l

3.　　2,88 dm³　　　　　　　　=　　　.................... cm³

4.　　742 l　　　　　　　　　　=　　　.................... m²

5.　　1,3 m³ - 530 dm²　　　　=　　　.................... cm³

6.　　0,124 dm³ + 2.450 cm³　=　　　.................... m³

7.　　0,12 dm³ - 0,12 cm³ + 0,1 m³ =　.................... mm²

Gewichtseinheiten und die Umrechnung

Im visuellen Marketing kommen hauptsächlich Gramm, Kilogramm und gelegentlich auch Tonne zur Anwendung. Seltener spielen Milligramm und Dezitonne eine Rolle.

Bezeichnung	Maßeinheit	Umrechnung
Milligramm	mg	
Gramm	g	1 g = 1.000 mg
Kilogramm	kg	1 kg = 1.000 g
Dezitonne	dt	1 dt = 100 kg
Tonne	t	1 t = 1.000 kg

Übungsaufgaben:

1. 3.875 g   = ... kg

2. 15,475 kg   = ... g

3. 750 mg   = ... g

4. 1,3 t   = ... kg

5. 5,64 kg   = ... g

6. 0, 23 t − 228 kg   = ... g

7. 4,32 kg + 750 g   = ... kg

8. 455 kg − 3.500 g + 0,15 t   = ... kg

Zeiteinheiten und die Umrechnung

Im Berufsalltag der Gestalter/Gestalterinnen für visuelles Marketing sind die gebräuchlichsten Zeiteinheiten Sekunden, Minuten, Stunden und Tage. Bei Kalkulationen können jedoch auch Monat und Jahr vorkommen.

Merke:

Bruchteile von Tagen, Stunden und Minuten werden in der jeweils nächstkleineren Einheit angegeben, Bruchteile von Sekunden dagegen als Dezimalzahl (z.B. 3 h 39 min statt 3,65 h; aber 12,5 s).

Bezeichnung	Maßeinheit	Umrechnung
Sekunde	s	
Minute	min	1 min = 60 s
Stunde	h	1 h = 60 min
Tag	d	1 d = 24 h
Woche	1 Woche = 7 d	
Monat	1 Monat = 28 – 30 d (kaufmännisch immer 30 d)	
Jahr	1 Jahr = 365 oder 366 d (kaufmännisch immer 360 d)	

Übungsaufgaben:

1. 36 h = ... d

2. 420 min = ... h

3. 2,6 d = ... h

4. 5,25 h = ... min

5. 2 d – 46,5 h = ... min

6. 2.700 s + 30 min = … .... h

7. 1,5 d – 33,5 h + 15 min = ……..h.......... min

8. Wandeln Sie die Zeitangaben in Stunden, Minuten und Sekunden um!

   a. 2,47 h

   b. 0,88 h

3. Benutzung des Taschenrechners

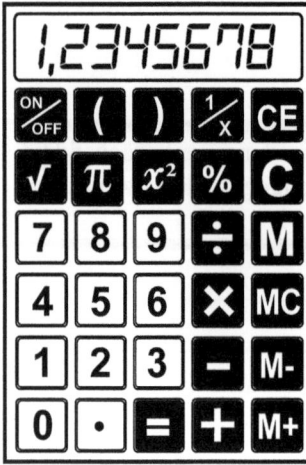

Der Taschenrechner ist heutzutage im beruflichen Umfeld kaum noch wegzudenken. Da sich das Rechnen beim visuellen Marketing meist jedoch auf die Grundrechenarten beschränkt, reicht eine einfache Ausführung des Taschenrechners aus.

Nun sind die Bezeichnungen der Tasten und die rechnerische Nutzung bei den einzelnen Herstellern unterschiedlich.

Es werden deshalb die am häufigsten verwendeten Bezeichnungen und Funktionstasten erläutert. (Im folgenden Abschnitt werden die Operationstasten in eckigen Klammern dargestellt.)

Zifferntasten:

1, 2, 3, 4 …   zur Eingabe der Zahlen

Systemtasten:

[ON] [OFF]   Ein / Aus

[AC] [C] [CE]   Anzeigen- bzw. Gesamtlöschung

[π]   gibt die Konstante Pi = 3,141592654 aus

[√]   ermittelt die Quadratwurzel

[x^2]   ermittelt das Quadrat der Anzeige

[%]   berechnet den Prozentwert

[,] [•]   setzt ein Komma

[C] wird vor Beginn einer jeden neuen Rechnung gedrückt.

Falsch eingegebene Rechenzeichen werden durch Neueingabe des richtigen Zeichens korrigiert.

Tasten der Grundrechenarten:

[+]	Plus-Taste zur Addition	z.B.	4 [+] 7 [=]	11
[-]	Minus-Taste zur Subtraktion	z.B.	1 7 [-] 9 [=]	8
[x] [•]	Mal-Taste zur Multiplikation	z.B.	1 2 [•] 6 [=]	72
[÷] [/]	Geteilt-Taste zur Division	z.B.	2 8 [/] 7 [=]	4
[(] [)]	Klammern zur Bildung von Zwischenergebnissen			
[=]	Ist-Taste für Zwischen- bzw. Endergebnisse			

Der Taschenrechner kennt die Regel: Punkt vor Strich und Klammer vor Punkt.

Beispiele:

$5 + 3 \cdot 4 = ?$ 5 [+] 3 [•] 4 [=]   60

$(5 + 3) \cdot 4 = ?$ [(] 5 [+] 3 [)] [•] 4 [=]   32   oder
                              5 [+] 3 [=] [•] 4 [=]   32

Tasten der Speicherfunktion:

[M]	Speichern des Anzeigewertes
[MC]	Löschen des Speichers
[M-]	Subtraktion einer Zahl vom Speicherwert
[M+]	Addition einer Zahl zum Speicherwert

Mit [M] wird der Anzeigenwert im Speicher fixiert.
Durch eine erneute Speicherung wird der alte Speicherwert überschrieben.

Beispiel: $\dfrac{8 + 4}{7 - 3} = ?$ 7 [-] 3 [=] [M] 8 [+] 4 [=] [/] [MR] [=] 3

                     oder   [(] 8 [+] 4 [)] [/] [(] 7 [-] 3 [)] [=] 3

Beispiele für die wichtigsten Berechnungen:

Grundrechenarten		
$5,7 - 3,8 + 0,12$	5 [,] 7 [-] 3 [,] 8 [+] [,] 1 2 [=] (Die Null vor dem Komma muss nicht mit ein-gegeben werden.)	2,02
$\dfrac{34 \cdot 2,4}{3}$	3 4 [•] 2 [,] 4 [/] 3 [=] (Der Bruchstrich bedeutet: Geteilt durch …)	27,2
$6 + 4 \cdot 5,2$	6 [+] 4 [•] 5 [,] 2 [=] (Der Taschenrechner beherrscht die Regel: Punkt- vor Strichrechnung.)	26,8
Potenzieren und Wurzelziehen		
$3,4^2$	3 [,] 4 [x²] [=] (Die Taste [x²] ist nur für die Berechnung von Flächeninhalten. Für das Ermitteln von Volumen gilt …)	11,56
$1,5^3$	1 [,] 5 [xʸ] 3 [=] (Manche Taschenrechner haben auch die Taste [x³].)	3,375
$\sqrt{20,25}$	2 0 [,] 2 5 [√] [=] (Es ist auch möglich, dass die „Quadratwurzel-taste" vor der Zahl eingegeben werden muss.)	4,5
Prozentrechnen		
$11\ \%$ von 575	5 7 5 [•] 1 1 [%] [=] oder 5 7 5 [•] 0 [,] 1 1 [=]	63,25
Rechnen mit π (Kreisberechnungen)		
A vom Kreis: $r^2 \cdot \pi$ $1,5^2 \cdot \pi$	1 [,] 5 [x²] [•] [π] [=]	7,068…
u vom Kreis: $d \cdot \pi$ $3 \cdot \pi$	3 [•] [π] [=]	9,424…

Übungsaufgaben:

1. $35 + 24 \cdot 215 - 1.210$

2. $5,7$ kg $+ 7,380$ kg $- 13,5$ kg $+ 22,185$ kg $- 7$ kg

3. $\dfrac{4,2 \text{ m} \cdot 0,85 \text{ m}}{5}$

4. $1,5 \cdot 1,5$ bzw. $1,5^2$

5. $12,3^3$

6. $\sqrt{28,09}$

7. $19\,\%$ von $1.352,- €$

8. $6,2^2 \cdot \pi$

9. $1,1111111^2$

10. Sie kaufen Farbe und Zubehör für die Werkstatt ein: 2 Eimer (5 l) Acryl-Bodenfarbe zu je 26,- €, 3 Gebinde (12,5 l) Rapidweiß je 14,99 €, 1 Paket mit 10 Flaschen Multigrund zu 4,85 €/Flasche, 8 Eimer Styroporkleber zu je 6,60 €, 6 Gebinde (10 l) farbloses Latex-Bindemittel zu je 19,95 €, 12 Tuben MDF-Spachtel zu je 2,80 €, 1 Paket Klebeband zu 19,80 €, 2 Deckenbürsten zu je 2,88 €, 4 Stück 50-mm-Flachpinsel zu je 1,93 € und 1 Holzleiter zu 45,85 €.
Wie viel € (netto) kostet die gesamte Ware?

11. Sie übernehmen für einen Einzelhändler die Dekoration seiner Schaufenster und Warenabteilungen. Zuvor vereinbaren Sie mit ihm einen Stundensatz von 13,50 € und einen Zuschlag von 2,75 €/h für Arbeiten nach 18,00 Uhr. Am Montag und Dienstag haben Sie jeweils von 16,00 bis 18,00 Uhr gearbeitet und am Mittwoch und Donnerstag von 17,00 bis 19,00 Uhr.
Wie viel € muss Ihnen der Händler auszahlen?

12. Zum Saisonausklang werden in einem Geschäft die Preise um 30 % gesenkt. Sie sollen die Preisschilder neu schreiben.
Wie sind die neuen Preise? Die alten waren

    a. 190,- €

    b. 68,20 €

    c. 17,23 €

4. Dreisatzrechnen

Das Dreisatzrechnen (auch Schlussrechnung genannt) ist eines der am häufigsten zur Anwendung kommenden Rechenverfahren im Beruf und im Alltag. Mit dem Dreisatz kann ein Großteil anderer Rechenverfahren gelöst werden, z.B. die Prozent- und Zinsrechnung, aber auch Arbeits- und Materialkalkulationen. Damit stellt es eine bedeutende Grundlage für das berufsbezogene Rechnen dar.

Wir kennen drei verschiedene Verfahren:

- Einfacher Dreisatz mit geradem Verhältnis
- Einfacher Dreisatz mit ungeradem Verhältnis
- Zusammengesetzter Dreisatz (oder Vielsatz)

4.1. Einfacher Dreisatz

4.1.1. Dreisatz mit geradem Verhältnis

Die Lösung von Dreisatzaufgaben geschieht in folgenden Schritten:

1. Aus der Aufgabenstellung die Behauptungen herausfinden und den **1.Satz**, den **Bedingungssatz**, aufbauen.
2. Der Aufgabenstellung folgend, den **2.Satz**, den **Fragesatz**, formulieren.
3. Zur Lösung den **3.Satz**, den **Bruchsatz**, ausrechnen
4. Antwortsatz formulieren

Beispielaufgabe:

Für einen Klebstoff zur Bodenbelagverlegung wurden für 10 kg 52,50 € bezahlt.
a.   Berechnen Sie den Wert der lediglich 8 kg verbrauchten Klebstoffs!
b.   Wie viel kg dieses Klebstoffs bekäme man für 68,25 €?

Allgemeine Regel bei Geradlinigkeit:

„Je **mehr**, desto **mehr**" bzw. „je **weniger**, desto **weniger**".

Dreisatzrechnen

Die 3 Sätze:

1. **Bedingungssatz (Aussagesatz):**
   → Die angegebenen Werte in die 1.Zeile des Ansatzes setzen.
   → Die gesuchte Einheit sollte rechts stehen.
   → (Bei Aufgabe a = € und bei Aufgabe b = kg.)

2. **Fragesatz:**
   → Frage in die 2.Reihe schreiben.
   → Gleiche Einheiten stets untereinander setzen.

3. **Bruchsatz:**
   → Frage: Kosten weniger kg mehr oder weniger?
   → Die Antwort lautet: „**Weniger!**"
   → Folge: **weniger** kg = **weniger** € (also „**gerades Verhältnis**")

Lösung: a)

$$\begin{array}{ll} 10\ kg & = 52{,}50\ \text{€} \\ 8\ kg & = \quad x\ \text{€} \end{array}$$

$$x = \frac{52{,}50 \bullet 8}{10} = \underline{\underline{42\ \text{€}}}$$

b)

$$\begin{array}{ll} 52{,}50\ \text{€} & = 10\ kg \\ 68{,}25\ \text{€} & = \quad x\ kg \end{array}$$

$$x = \frac{68{,}25 \bullet 10}{68{,}25} = \underline{\underline{13\ kg}}$$

Antwortsatz: a) Es wurde Klebstoff für 42,- € verbraucht.
b) Für den Preis von 68,25 € bekommt man 13 kg Klebstoff.

Merke:

- Die Aussagezeile (Bedingungssatz) steht immer über der Fragezeile (Fragesatz)
- Die zu suchende „Unbekannte" mit der dazugehörigen Maßangabe steht immer im Fragesatz, und zwar auf der **rechten** Seite.
- Die untereinander stehenden Maßangaben der beiden Ansatzzeilen (Bedingungs- und Fragesatz) müssen stets immer gleich sein. (z.B. € unter €; kg unter kg usw.)
- Wir machen unter den Ansatz einen abschließenden Strich und setzen darunter den Bruchstrich (Bruchsatz).

4.1.2. Dreisatz mit ungeradem Verhältnis

Beispielaufgabe:

6 Mitarbeiter (MA) benötigen für die Erledigung eines Auftrags 45 Stunden.
a. In wie viel Stunden kann dieser Auftrag von 5 MA erledigt werden?
b. Wie viel MA sind erforderlich, wenn der Auftrag in 30 Stunden erledigt sein muss?

Allgemeine Regel bei ungeradem Verhältnis:

Je **mehr**, desto **weniger**" bzw. „je **weniger**, desto **mehr**

Die 3 Sätze:

1. **Bedingungssatz:**

    → wie bei geradlinigem Dreisatz

2. **Fragesatz:**

    → wie bei geradlinigem Dreisatz

3. **Bruchsatz:**

    → Frage: Brauchen weniger MA mehr od. weniger Zeit?

    → Antwort: **mehr**

    → Folge: **weniger** MA = **mehr** Zeit (also „**ungerades Verhältnis**")

Lösung:

a)
$$-\left\downarrow\begin{array}{rcl} 6\,\text{MA} &=& 45\,\text{h} \\ 5\,\text{MA} &=& x\,\text{h} \end{array}\right\downarrow +$$

$$x = \frac{6 \cdot 45}{5} = \underline{\underline{54\,\text{h}}}$$

b)
$$-\left\downarrow\begin{array}{rcl} 45\,\text{h} &=& 6\,\text{MA} \\ 30\,\text{h} &=& x\,\text{MA} \end{array}\right\downarrow +$$

$$x = \frac{45 \cdot 6}{30} = \underline{\underline{9\,\text{MA}}}$$

Antwortsatz:

a) Der Auftrag kann von 5 Werbegestaltern in 54 Stunden erledigt werden.
b) 9 MA sind erforderlich, wenn der Auftrag in 30 h erledigt werden muss.

Dreisatzrechnen

4.2. Zusammengesetzter Dreisatz bzw. Vielsatz

Ein zusammengesetzter Dreisatz besteht aus mehreren einzelnen Dreisätzen, die, wie es schon die Bezeichnung sagt, zu einem Dreisatz zusammengesetzt wurden. Diese einzelnen Dreisätze können innerhalb einer Aufgabe sowohl in geradem als auch ungeradem Verhältnis zueinander stehen können.

Beispielaufgabe:

3 Marketinggestalter benötigen 4 Stunden, um 132 Wimpel zu nähen, Am nächsten Tag müssen noch einmal 154 Wimpel angefertigt werden, doch fällt wegen Krankheit eine Person aus.

In welcher Zeit wird diese Arbeit geschafft?

Merke:

- Man löst einen zusammengesetzten Dreisatz, indem man ihn zuerst in Dreisätze aufteilt.
- Bei jedem Dreisatz muss das gerade oder ungerade Verhältnis festgestellt werden.
- Der Bruchstrich beginnt im Zähler mit der gesuchten Größe. Die Dreisätze werden dann je nach geradem oder ungeradem Verhältnis auf den Bruchstrich übertragen.
- Gleiche Einheiten stehen stets untereinander!

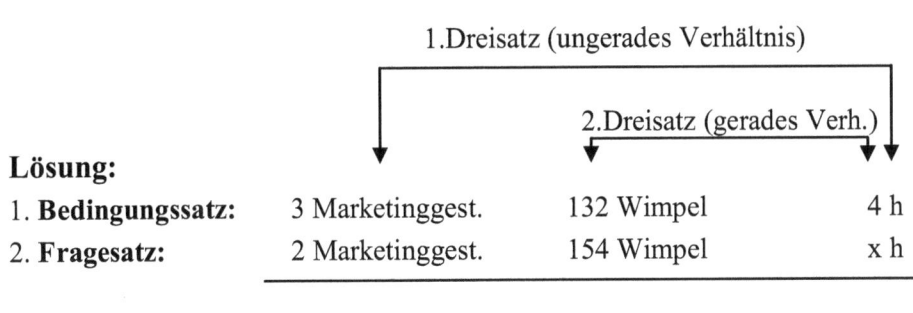

	1.Dreisatz (ungerades Verhältnis)		
		2.Dreisatz (gerades Verh.)	
Lösung:			
1. **Bedingungssatz:**	3 Marketinggest.	132 Wimpel	4 h
2. **Fragesatz:**	2 Marketinggest.	154 Wimpel	x h

3. **Schlusssatz:** $x = \dfrac{3 \cdot 154 \cdot 4}{2 \cdot 132} = \underline{\underline{7\,h}}$

Antwortsatz: 7 Stunden benötigen 2 Gestalter für das Nähen der 154 Wimpel.

Übungsaufgaben:

1. 1 m² Tischlerplatten (19 mm dick) kostet 16,57 €.
   Was kosten 3 Stck. 19-mm-Tischlerplatten im Format 5,20 m x 2,05 m?

2. 7 Mitarbeiter der Marketingabteilung haben zur Vorbereitung einer Großveranstaltung 8 Tage Zeit. Aus organisatorischen Gründen muss diese Arbeit aber schon nach 7 Tagen abgeschlossen sein.
   Wie viel Leute sind zusätzlich einzusetzen, damit der neue Termin gehalten werden kann?

3. Für das Tapezieren der Rück- und Seitenwände eines Schaufensters mit der 53 cm breiten „Normal"-Tapete sind 20 Bahnen notwenig. Verwendet wird nun aber eine Echtholztapete, die 70 cm breit ist.
   Wie viel Bahnen müssen von dieser Tapete zugeschnitten werden?

4. Zur Gestaltung von drei Schaufenstern werden 7 Mitarbeiter eingeteilt, die sie in 4 Stunden und 30 Minuten dekorieren sollen. Kurz vor Beginn werden 2 Mitarbeiter für eine andere dringende Arbeit abgerufen.
   Wie lange brauchen die übrigen für die Gestaltung?

5. Verwendet man zum Tapezieren von Schaufensterrückwänden Raufaser mit 53 cm Breite, so braucht man 25 Rollen.
   Wie viel Stück müssen gekauft werden, wenn nur Rollen mit 80 cm Breite bei gleicher Länge zu bekommen sind?

6. Für die Vorbereitung eines Stadtfestes werden bei einem Einsatz von 24 Mitarbeitern 9 Arbeitstage eingeplant. Wegen Krankheit können jedoch nur 18 Leute eingesetzt werden.
   Wie viel Tage müssen nun für die Vorbereitung geplant werden?

7. Für eine Gemeinschaftswerbung, an der sich 11 Geschäfte beteiligen wollen, zahlt jedes Geschäft 198,70 €.
   Wie viel € muss jeder Geschäftsinhaber zahlen, wenn 4 Geschäfte sich nicht mehr an diesem Auftrag beteiligen wollen?

8. Ein Raumausstatter verdient bei einer wöchentlichen Arbeitszeit von 37,5 h 416,25 €.
   a) Wie hoch ist sein Lohn für einen 7,5-stündigen Arbeitstag?
   b) Wie hoch ist sein Monatsverdienst bei einer monatlichen Arbeitszeit von 168 Stunden?

9. Die Benutzung einer Wandfläche für die Plakatwerbung kostet für 60 Tage 546,- €. Die Benutzungsdauer wird auf 76 Tage verlängert.
   Wie viel € muss das Unternehmen nun zahlen?

10. Teilt man die Rückwand eines Schaufensters in Farbstreifen von 0,48 m Breite ein, so erhält man 17 Streifen. Aus farbrhythmischen Gründen will man aber eine gerade Anzahl haben (12 oder 16).
    Welche Breite erhalten dann die Streifen?

11. Der Rechnungsbetrag für 48 Rollen Tapete lautet über 552,- €. Für einen Dekorationsauftrag wurden 11 Rollen benötigt.
    Welcher Betrag ist für die verarbeiteten Rollen in Rechnung zu stellen?

12. Mit einem Vorrat Plakatfarbe reicht man bei einem täglichen Verbrauch von 6,25 kg 14 Tage.
    Wie viel Tage weniger käme man mit diesem Vorrat aus, wenn man 2 ½ kg täglich mehr verbrauchen würde?

13. Der Marketingleiter eines Kaufhauses will für die Umgestaltung einer Fensterfront 12 seiner Mitarbeiter einsetzen, damit er die Arbeit in 5 Stunden 20 Minuten schafft. Durch dringende Arbeiten muss er aber damit in 4 Stunden fertig sein. Er fordert für die Hilfsarbeiten Verkäuferinnen an.
    Wie viel werden benötigt?

14. Eine Treppe bei einer Bühnengestaltung sollte 24 Stufen mit einer Steighöhe von 18 cm haben. Die Vorschriften legen aus unfalltechnischen Gründen eine Steighöhe von nur 16 cm fest.
    Wie viel Stufen muss die Treppe laut Vorschrift haben?

15. Ein Wasserbecken für einen Event lässt sich durch 12 Pumpen in 18 Stunden und 20 Minuten füllen.
    Mit welcher Zeit ist zu rechen, wenn 2 Pumpen wegen Reparatur ausfallen?

16. Für die Konzipierung und Organisation eines Events bekamen 4 Gestalter/Gestalterinnen für visuelles Marketing 45 Tage Zeit. Nach 15 Tagen fiel jedoch ein Mitarbeiter aus.
    Um wie viel Tage verlängert sich dadurch die Vorbereitung des Events?

17. Beim Streichen einer quadratischen Podiumsfläche (2 m Seitenlänge) mit Fußbodenfarbe werden 800 g Farbe verbraucht.
    Mit welchem Farbverbrauch kann beim Streichen eines anderen Podiums gerechnet werden, das 4,50 m breit und 3 m lang ist?

18. Eine Gestalterin für visuelles Marketing stellt für die Weihnachtsdekoration in einer Woche bei täglich 8-stündiger Arbeitszeit 180 Sterne aus Draht und Seidenpapier her. Durch eine Veränderung der Gestaltungskonzeption ergibt sich ein Bedarf von 200 Stück
    Wie viel Überstunden muss sie täglich leisten, damit der Auftrag innerhalb der geplanten Woche abgeschlossen werden kann?

Dreisatzrechnen

19. Um den verkaufspsychologischen Wert eines Werbekonzeptes zu ermitteln, wurde über längere Zeit eine Erfolgskontrolle durchgeführt. Die Analyse ergab folgende statistische Werte: 2,4 Kunden kauften in 2,4 Stunden 2,4 mal den neuen Artikel.
    Leiten Sie aus diesen Angaben her, mit welcher Verkaufsmenge bei 12 Kunden in 10 Stunden gerechnet werden kann.

20. Die Dekoration von 15 Verkaufsabteilungen sollte von 3 Mitarbeitern/Mitarbeiterinnen der Marketingabteilung in 4 Tagen abgeschlossen werden. Eine Planänderung sieht jedoch eine Gestaltung von 20 Abteilungen vor.
    Mit wie viel Tagen muss gerechnet werden, wenn außerdem noch ein Gestalter ausfällt?

21. Um ein Marketingkonzept für ein Unternehmen entwickeln zu können, sammeln vorbereitend Mitarbeiter der Marketingabteilung in einer Kundenbefragung markt- und unternehmensbezogene Ausgangsdaten. In einer früheren vergleichbaren Aktion hatten 5 Mitarbeiter bei täglich 8 Stunden Arbeitszeit an 3 Tagen 960 Personen befragt. Diesmal kann ein Mitarbeiter mehr eingesetzt werden, allerdings stehen nur 2 Tage und 6 Stunden täglich zur Verfügung.
    Mit wie viel befragten Personen kann diesmal gerechnet werden?

22. Ein Team von 3 Gestaltern/Gestalterinnen ist mit der Durchführung einer groß angelegten Werbeaktion beauftragt worden. Die Terminvorgabe beträgt 16 Arbeitstage. Nach 4 Tagen fällt ein Mitarbeiter aus.
    Wie viel Überstunden pro Arbeitstag muss jeder der 2 verbliebenen Gestalter leisten, wenn eine maximale Terminverzögerung von 4 Tagen möglich ist?

23. Für das Bekleben mehrerer Kleintransporter eines Unternehmens mit deren Firmenlogo stehen 4 Mitarbeitern 6 Tage zu je 8 Arbeitsstunden zur Verfügung. Wegen des dringenden Bedarfs der Fahrzeuge muss der Auftrag bereits nach 4 Tagen abgeschlossen sein.
    a) Wie viel Mitarbeiter müssten eingesetzt werden, wenn die tägliche Arbeitszeit bei 8 Stunden bleibt?
    b) Wie viel Überstunden muss jeder Mitarbeiter täglich leisten, wenn für diesen Eilauftrag weiterhin nur 4 Mitarbeiter eingesetzt werden können?

24. Für den Aufbau eines Messestandes stehen 4 Fachkräfte und insgesamt 30 Stunden Zeit zur Verfügung. Aus Termingründen muss dieser Messestand in 20 Stunden aufgebaut sein.
    Wie viel qualifizierte Fachkräfte müssen zusätzlich einplant werden, damit der Aufbau in der Zeit von 20 Stunden fertig gestellt werden kann?

Dreisatzrechnen

25. Sie sind für den Aufbau der Licht- und Tontechnik auf einer Eventbühne verantwortlich. Bei einem vergleichbaren Einsatz benötigten 4 Fachkräfte 6 Stunden. Sie können mit dem Aufbau um 09:00 Uhr beginnen, sollen jedoch 13:00 Uhr fertig sein.
Wie viel Mitarbeiter müssen eingesetzt werden, um den Termin 13:00 Uhr einzuhalten?

26. Zur Eröffnung der Sommersaison sind 6 Abteilungen eines Kaufhauses entsprechend zu gestalten. Die Planung sieht für die Ausstattung und Gestaltung einer Verkaufsabteilung 12 Arbeitsstunden vor. Für den gesamten Ablauf stehen 3 Tage zur Verfügung.
Wie viele Mitarbeiter müssen bei einem 8-stündigen Arbeitstag eingeplant werden, um in 3 Tagen fertig zu werden?

27. Für das Bekleben mehrerer Kleintransporter eines Unternehmens mit deren Firmenlogo stehen 3 Mitarbeitern 4 Tage zu je 8 Arbeitsstunden zur Verfügung. Wegen des dringenden Bedarfs der Fahrzeuge muss der Auftrag bereits nach 3 Tagen abgeschlossen sein.
   a) Ist dieser Termin von 3 Tagen zu schaffen, wenn jeder Mitarbeiter täglich 2 Überstunden macht?
   b) Der Meister ordnet an, keine Überstunden, dafür von Beginn an einen Mitarbeiter mehr, Reixht das für diesen Termin?

28. Der Aufbau eines Messestandes muss am Donnerstag in der Zeit von 8:00 Uhr bis 14:00 Uhr erfolgen, da ab 14:00 Uhr die Standabnahme durch den Sicherheitsdienst erfolgt. 30 Arbeitsstunden sind für den Aufbau erforderlich. Da die drei zur Verfügung stehen Vollzeitarbeitskräfte (8-Stunden-Arbeitsvertäge).den Zeitplan nicht einhalten können, wird der zusätzliche Einsatz von Teilzeitkräften (4-Stunden-Vertäge) geplant.
Wie viele dieser Teilzeitkräfte sind notwendig?

29. Für die saisonale Neugestaltung der Schaufenster sind deren Rückwände zu tapezieren. Am ersten Tag wurden von 4 Mitarbeitern 96 Bahnen geklebt. Sie benötigten dazu 3 Stunden. Am nächsten Tag sind 132 Bahnen zu kleben, es fällt jedoch ein Mitarbeiter wegen Krankheit aus.
In welcher Zeit ist diese Aufgabe zu schaffen?

Dreisatzrechnen

5.　Prozentrechnen

Prozentrechnen ist eine Vergleichsrechnung, bei der von unterschiedlichen Werten jeweils gleichmäßig angemessene Anteile berechnet werden. Dabei **bezieht** man sich auf die Zahl 100. Dieses Verhältnis heißt **Prozent**. (**Pro centum** kommt aus dem Lateinischen und bedeutet **von Hundert**.)

Der Vergleich mit der Zahl 1.000 ist die **Promillerechnung**. (lat. **pro mille = von Tausend**)

Grundbegriffe beim Prozentrechnen:

Beispiel:

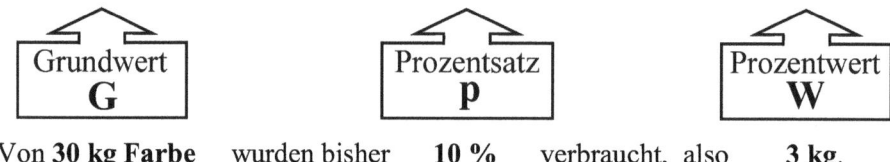

| Grundwert | Prozentsatz | Prozentwert |
| G | p | W |

Von **30 kg Farbe**　wurden bisher　**10 %**　verbraucht, also　**3 kg**.

Merke:

- Der **Grundwert** (z.B. **30 kg**) ist das Ganze und entspricht dem Prozentsatz 100 %, und er ist immer benannt (z.B. kg, cm, h)

- Der **Prozentsatz** (z.B. **10 %**) gibt an, welcher Bruchteil vom Ganzen zu bilden ist und er wird immer in % ausgedrückt.

- Der **Prozentwert** (z.B. **3 kg**) gibt an, wie groß der Teil vom Ganzen ist (welchen Wert er hat) und er ist folglich mit der gleichen Benennung wie der Grundwert versehen.

Prozentrechnungen lassen sich über den Dreisatz oder mit einer entsprechenden Formel lösen.

Die Grundformel der Prozentrechnung lautet:

$$\text{Prozentwert} = \frac{\text{Grundwert} \bullet \text{Prozentsatz}}{100} \qquad W = \frac{G \bullet p}{100}$$

Beispielaufgabe:

Der Urlaubsplan der Marketingabteilung sieht vor, dass von den 15 Mitarbeitern maximal 20 % im Urlaub sein können.
Wie viel Mitarbeiter können Urlaub machen?

Lösung:

mit Dreisatz:

100 % = 15 Mitarbeiter

20 % = x Mitarbeiter

$$x = \frac{15 \bullet 20}{100} = 3 \text{ Mitarbeiter}$$

mit Formel:

$$W = \frac{G \bullet p}{100}$$

$$W = \frac{15 \bullet 20}{100} = 3 \text{ Mitarbeiter}$$

Antwort:

Es können immer maximal 3 Mitarbeiter im Urlaub sein.

Hinweis:

Die Überprüfung, ob es sich um einen Dreisatz mit geradem oder ungeradem Verhältnis handelt, ist nicht notwendig.
Prozentrechnungen sind immer gerade Dreisätze!

5.1.   Berechnen des Prozentwertes

Formel für die Berechnung des Prozentwertes lautet:

$$\text{Prozentwert} = \frac{\text{Grundwert} \bullet \text{Prozentsatz}}{100} \qquad W = \frac{G \bullet p}{100}$$

Beispielaufgabe:

Der Preis für einen Computer beträgt 1.500 €.
Wegen einer zu erwartenden Neuentwicklung wird der Preis um 10 % gesenkt.
a) Wie viel € beträgt die Preissenkung?
b) Wie viel € beträgt der neue Preis?

Lösung:

mit Dreisatz

a) $\quad$ 100 % = 1.500 €

$\quad\quad$ 10 % = $\quad$ x €

$$x = \frac{1.500 \bullet 10}{100} = \underline{\underline{150\ €}}$$

b) $\quad$ 100 % = 1.500 €

$\quad\quad$ 90 % = $\quad$ x €

$$x = \frac{1.500 \bullet 90}{100} = \underline{\underline{1.350\ €}}$$

mit Formel

$$x\ € = \frac{1.500 \bullet 10}{100} = \underline{\underline{150\ €}}$$

$$x\ € = \frac{1.500 \bullet 90}{100} = \underline{\underline{1.350\ €}}$$

Übungsaufgaben:

1. Zum Saisonschlussverkauf werden die Preise herabgesetzt. Dazu muss Ihre Marketingabteilung neue Preisschilder anfertigen. Die bisherigen Preise werden um 18 % gesenkt. Alte Preise waren z.B.: 28,10 €; 18,40 €; 21,40 €.
Welche Preiszahlen müssen auf den neuen Schildern eingesetzt werden.

2. Beim Kauf einer größeren Menge an Dekorationsstoff im Gesamtwert von 850 € bekommen wir 6 % Rabatt.
Wie hoch ist die Einsparung?

3. Beim Verarbeiten von 2 Tischlerplatten von zusammen 6,25 m² entstehen 15 % Verschnitt.
Wie viel m² können nicht verarbeitet werden?

4. In einem Radiogeschäft wird der Preis einer HiFi-Anlage um 10 % erhöht. Als daraufhin die Anlage keinen Abnehmer findet, wird der erhöhte Preis wieder um 10 % gesenkt. Ursprünglich war die Anlage mit 495,- € ausgezeichnet.
Wie viel € kostete sie nach der Preiserhöhung und wie hoch ist der Preis nach der Preissenkung?

5. Eine Gestalterin für visuelles Marketing verdient brutto 2.150,- € im Monat. Von ihrem Lohn werden die Lohnsteuer in Höhe von 20 % und die Sozialabgaben in Höhe von 21 % abgezogen.
Berechnen Sie den Nettolohn.

6. Für die Gestaltung eines Sommerfestes wurden Wimpel genäht. Verarbeitet wurden 14 lfd. Meter. Der Stoff liegt 140 cm breit. Der Verschnitt betrug 5 ½ %.
   Wie viel m² Stoff fielen als Verschnitt an?

7. An der letzten IHK-Abschlussprüfung haben 25 Auszubildende teilgenommen. 96 % haben ihre Prüfung bestanden.
   Wie viel Teilnehmer müssen die Prüfung wiederholen?

8. Welches Angebot ist günstiger?
   Angebot A: Listenpreis 1.260,- €; 16 % Mengenrabatt; 1,5 % Skonto
   Angebot B: Listenpreis 1.050,- €; kein Rabatt; 2,5 % Skonto

9. 40 lfd. Meter Wildleder-Imitat (1,50 m breit) kosten laut Listenpreis 330,- €.
   Errechnen Sie den (Mengen-) Rabattbetrag (5 %), die Mehrwertsteuer (19 %), den Rechnungsbetrag, den Skontobetrag (1,5 %) und den zu zahlenden Betrag!

10. Für die Dekorationen der Gemüse- und Obstabteilungen eines Lebensmitteldiscounters bietet der Großhandel für Deko-Material Attrappen zu folgenden Stückpreisen an:

1 Stück	1,80 €
ab 30 Stück	1,66 €
ab 100 Stück	1,53 €

    Um wie viel Prozent ist eine Attrappe beim Kauf von 100 Stück günstiger als beim Kauf einzelner Stücke?

11. Nach einer Materiallieferung bekommen Sie eine Rechnung mit dem Datum vom 19.10., einer Nettosumme von 1.600,- € und dem Bruttobetrag 1.904,- €. Folgende Zahlungsbedingungen waren auf der Rechnung angeführt: „Zahlbar innerhalb von 8 Tagen unter Abzug von 2 % Skonto oder innerhalb von 30 Tagen rein netto". Am 25.10. überweisen Sie die Rechnung.
    Wie viel € waren unter Berücksichtigung der Zahlungsbedingung zu überweisen?

12. Zur Planung einer Werbeaktion gehört die Budgetierung. Ein Unternehmen plant für die Bewerbung eines neuen Artikels mit einem Etat von 350.000 €.

Damit sind vorgesehen:	
Fernseh- und Rundfunkwerbung	57 %
Anzeigenwerbung	11 %
Plakatwerbung	13 %
Fahrzeugwerbung	4 %
Messe und Ausstellungen	15 %

    Ermitteln Sie auf der Grundlage des Budgets die zur Verfügung stehenden Beträge der einzelnen Werbemittel.

Zinsrechnen

13. Die Erfolgskontrolle zu einer Aktionswoche besagt, dass sich der Verkauf des Artikels A in dieser Woche um 360 % erhöht hat. Vor der Aktionswoche lag der durchschnittliche Verkauf des Artikels A bei 70 Stück pro Woche. Ermitteln Sie die Stückzahl vom Verkauf des Artikels A während der Aktionswoche.

5.2. Berechnen des Prozentsatzes

Die (umgestellte) Formel für die Berechnung des Prozentsatzes lautet:

$$\text{Prozentsatz} = \frac{\text{Prozentwert} \bullet 100}{\text{Grundwert}} \qquad p = \frac{W \bullet 100}{G}$$

Beispielaufgabe:

Der Preis für einen Computer beträgt 1.500 €. Der Händler gewährt 150,- € Preisnachlass.
a) Wie viel % beträgt der Preisnachlass?
b) Wie viel % entfallen auf den neuen Preis?

Lösung:

mit Dreisatz

a)   1.500 € = 100 %

       150 € =   x %

$$x = \frac{150 \bullet 100}{1.500} = 10\,\%$$

b)   1.500 € = 100 %

       1.350 € =   x %

$$x = \frac{1.350 \bullet 100}{1.500} = 90\,\%$$

mit Formel

$$x\,\% = \frac{150 \bullet 100}{1.500} = 10\,\%$$

$$x\,\% = \frac{1.350 \bullet 100}{1.500} = 90\,\%$$

Zinsrechnen

Übungsaufgaben:

1. Beim Kauf von Plakatfarben im Gesamtwert von 480,- € wird Ihnen ein Nachlass von 36,- € gewährt.
    Wie viel % beträgt der Nachlass?

2. Wie viel % der Farbe sind beim Umfüllen von 20 kg verloren gegangen, wenn anschließend 400 g fehlen?

3. Um den Werbenutzen einer Schaufensterdekoration festzustellen, wurde gezählt, dass von 380 vorbeigehenden Passanten 164 vor dem Fenster stehen blieben und die Auslagen betrachteten.
    Wie viel % der Passanten waren das?

4. Beim Kauf einer neuen Nähmaschine für die Werkstatt der Marketingabteilung im Wert von 7.200,- € wurden 2.520,- angezahlt.
    Wie viel % des Kaufpreises macht die Anzahlung aus?

5. Für die Anfertigung einer Dekoration wurden im Voraus Kosten von 1.250 € kalkuliert. Tatsächlich kamen dann aber 1.406,25 € zusammen.
    Um wie viel % wurde der Kostenvoranschlag überschritten?

6. Im letzten Jahr kostete ein Schaufensterfigur noch 360,- €. In diesem Jahr beträgt der Preis bereits 414,- €.
    Um wie viel Prozent wurde der Preis gegenüber dem Vorjahr erhöht?

7. Die Lebensmittelabteilung eines Kaufhauses hatte in der Woche folgende Tagesumsätze:

Montag	8.861,16 €
Dienstag	8.408,40 €
Mittwoch	9.702,00 €
Donnerstag	8.279,04 €
Freitag	17.010,84 €
Samstag	12.418,56 €

    Wie viel % des Wochenumsatzes fielen auf den Wochenendeinkauf (Freitag und Samstag zusammen)?

8. Die Versicherungssumme der Marketing-Werkstatt liegt bei 1,25 Mio. €. Dafür sind jährlich Prämien von 3.125,- € zu zahlen.
    Wie hoch ist der gültige Prämiensatz in $^0/_{00}$?

9. Bei der Überprüfung der Rechnung nach einer Materiallieferung wollen Sie kontrollieren, ob die vereinbarten Zahlungskonditionen berücksichtigt wurden. Der Einkaufswert gemäß Preisliste beträgt 6.335,50 €. Nach Abzug des Rabattes werden Ihnen 5.828,66 € in Rechnung gestellt.
    Ermitteln Sie, wie viel Prozent Rabatt abgezogen wurden!

10. Sie werden von Ihrer Agentur beauftragt, ein Werbe- und Gestaltungskonzept für den vierwöchigen Weihnachtsmarkt einer mittleren Stadt zu entwickeln und zu realisieren. Im vorigen Jahr kamen lediglich 2.000 Besucher durchschnittlich pro Woche. Um die Wirksamkeit Ihrer Werbeaktion zu analysieren, werten Sie die diesjährigen Besucherzahlen aus.

    In der ersten Woche kamen 2.000 Besucher, in der zweiten waren es 2.500 Besucher, in der dritten Woche stieg die Besucherzahl auf 3.500 und in der vierten Woche waren es sogar 4.000 Besucher.

    Stieg im Vergleich zum Vorjahr die Besucherzahl um 50 %, um 100 %, um 300 % oder um 500 %?

11. Ein Lieferant für Farben hat angekündigt, dass er künftig Glasfarben nur noch zum Einzelpreis von 9,36 € liefern kann. Bisher war der Listenpreis 7,20 €. Berechnen Sie die Erhöhung des Einzelpreises (in %).

12. Von einem bestimmten Artikel wurden vor einer Werbeaktion im Verlauf von 4 Wochen 6 Stück verkauft. Im Aktionszeitraum wurden folgende Verkaufszahlen erreicht: Woche 1: 12 Stück, Woche 2: 9 Stück; Woche 3: 8 Stück und in der Woche 4: 7 Stück. Brachte diese Werbeaktion in diesem Monat eine Absatzsteigerung a) um 60 %, b) um 100 %, c) um 300 %, d) um 500 % oder e) um 600 %?

Prozentrechnen

5.3.   Berechnen des Grundwertes

Die (umgestellte) Formel für die Berechnung des Grundwertes lautet:

$$\text{Grundwert} = \frac{\text{Prozentwert} \bullet 100}{\text{Prozentsatz}} \qquad G = \frac{W \bullet 100}{p}$$

Beispielaufgabe:

Der Computer kostet nach einem 10 %-igen Preisnachlass noch 1.350,- €.
Wie viel Euro betrug der ursprüngliche Preis?

Lösung:

mit Dreisatz

$$90 \% = 1.350 \ €$$

$$100 \% = \quad x \quad €$$

$$x = \frac{1.350 \bullet 100}{90} = 1.500 \ €$$

mit Formel

$$x \ € = \frac{1.350 \bullet 100}{90} = 1.500 \ €$$

Übungsaufgaben:

1. Beim Bezug von Material bekamen Sie folgende Nachlässe:
    a) Nachlass =   22,14 €   =   2 % des Rechnungsbetrages
    b) Nachlass = 127,11 €   =   3 % des Rechnungsbetrages
    Wie war der jeweilige Rechnungsbetrag?

2. Beim Kauf einer neuen Maschine ist eine Anzahlung über 1.298,- € zu leisten.
    Die restlichen 60 % des Kaufpreises werden vertragsgemäß in 5 gleich hohen
    Raten bezahlt.
    a) Wie hoch ist der Kaufpreis?
    b) Wie hoch ist eine Rate?

3. Für den Bau eines Ausstellungsstandes wurde eine größere Menge MDF-
    Platten verarbeitet. Dabei ergab sich ein Verschnitt von 15 % = 13,05 m².
    Wie viel Tischlerplatten wurden insgesamt verbraucht, wenn eine Platte 5,8 m²
    groß ist?

4. Bei Einhaltung einer Zahlungsbedingung konnte die Rechnung mit 3 % Skonto
    beglichen werden. Das war eine Minderung des Rechnungsbetrages um
    121,53 €.
    Wie hoch war der Rechnungsbetrag?

5. Der krankheitsbedingte Arbeitsausfall liegt im Durchschnitt bei 2 Mitarbeitern, das sind rund 14,3 % der Belegschaft.
   Wie viel Beschäftigte hat die Abteilung?

6. Ein Fernsehgeschäft wirbt für ein Gerät „Wir geben einen Preisnachlass von 15 %. Der Fernseher kostet nur noch 680 €."
   a) Wie viel € kostete das Fernsehgerät ursprünglich?
   b) Um wie viel € wurde der ursprüngliche Preis vermindert

7. Durch Abzug von 1,5 % Skonto ermäßigte sich der zu zahlende Rechnungsbetrag um 12,60 €.
   Wie hoch war der Rechnungsbetrag?

8. Für eine Lieferung Rollenwellpappe, Listenpreis pro Rolle 16,80 €, wurden 930,63 € überwiesen; Rabatt 5 %, Mehrwertsteuer 19 %, Skonto 2 %.
   Wie viel Rollen wurden gekauft?

9. Die Marketing-Abteilung hat ihre Büro- und Werkstatträume gegen Brand- und Wasserschäden versichert. Sie zahlt dafür eine Prämie von 2,5 $^o/_{oo}$, das sind 412,50 € jährlich.
   Auf welche Versicherungssumme lautet der Versicherungsvertrag?

10. Sie kaufen für den Computerarbeitsplatz Ihrer Marketing-GmbH gemäß des abgebildeten Angebotes einen Monitor.
    Wie viel € beträgt die enthaltene Umsatzsteuer?

11. Zur Ausstattung der Werkräume einer Marketingagentur wurde eine Pendelhubstichsäge angeschafft. Da die Agentur Stammkunde beim Lieferanten der Elektrowerkzeuge ist, bekam sie 12 % Rabatt und brauchte somit nur 187,44 € zahlen.
    Berechnen Sie den Listenpreis der Säge.

12. Bei der Rechnungskontrolle stellen Sie fest, dass der Nettorechnungsbetrag einer Materiallieferung 1.702,20 € beträgt und somit um 12 % höher liegt als im Angebot.
    Berechnen Sie den vereinbarten Angebotspreis in €!

13. Bei einer Nachkalkulation wurde festgestellt, dass eine Rechnung für gelieferte PVC-Platten nur 1.548,- EUR betrug und damit 14 % unter dem Angebotspreis lag.
    Berechnen Sie den ursprünglichen Angebotspreis.

Prozentrechnen

6. Zinsrechnung

Zinsrechnen ist ein wichtiger Bestandteil des kaufmännischen Rechnens. Zinsen werden als Vergütung für zeitweilig überlassenes Kapital (Geld) berechnet. Geldinstitute geben z.B. Kredite und überlassen damit für einen bestimmten Zeitraum Kapital, dafür bekommen sie Zinsen. Auch umgekehrt gilt das, der Sparer überlässt der Bank oder Sparkasse sein Geld und erhält dafür ebenfalls Zinsen.

Die Zinsrechnung ist eine Prozentrechnung, bei der allerdings andere Begriffe verwendet werden und noch als entscheidender Faktor die Zeit hinzukommt.

Die Größen der Prozent- und der Zinsrechnung:

Prozent-rechnung	Bezugs-größe **100**	Prozent-wert (**W**)	Grundwert (**G**)	Prozent-satz (**p**)	
Zins-rechnung	Bezugs-größe **100**	Zinsen (**Z**)	Kapital (**K**)	Zinssatz, -fuß (**p**)	Laufzeit (**t**)

Der Zinssatz bzw. –fuß bezieht sich mit wenigen Ausnahmen immer auf ein Jahr.

Die Zinsgrundformel:

$$Z = \frac{K \bullet p \bullet t}{100}$$

Beispielaufgabe:

Zu berechnen sind die **Zinsen** für **2.000 €** mit **4 %** in **3 Jahren**.

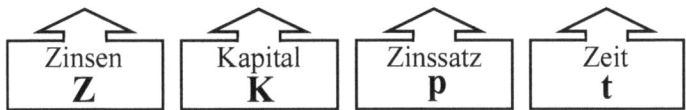

| Zinsen Z | Kapital K | Zinssatz p | Zeit t |

Lösung:

$$Z = \frac{K \bullet p \bullet t}{100} = \frac{2.000 \bullet 4 \bullet 3}{100} = \underline{\underline{240,- €}}$$

Übungsaufgaben:

1. Berechnen Sie die Zinsen für ein Jahr!
   a) 400,- € zu 5 %   b) 1.450,- € zu 7 %   c) 864,- € zu 3 %

2. Wie hoch sind die Zinsen für ½ Jahr?
   a) 750,- € zu 6 %   b) 2.250,- € zu 4 %   c) 980,- € zu 6,5 %

3. Wie viel Zinsen bringen 800,- € in 6 Jahren bei einem Zinsfuß von 3,5 %?

4. Um wie viel erhöht sich ein Konto von 1.450,- € in 3 Jahren und 6 Monaten bei 4 ½ % Zinsen?

5. Wie viel Euro Schuldzinsen müssen Sie aufbringen für 18.700,- € in 5 ½ Jahren, wenn der Zinsfuß 10,2 % ist?

6.1. Berechnen der Zinslaufzeit

Wir wissen, dass der in % angegebene Zinsfuß auf ein Jahr bezogen ist. Berechnungen für ein oder mehrere Jahre sind somit möglich. Die Praxis fordert jedoch auch die Ermittlung von Zinsen für

andere Zeiteinheiten: für Monate,
                               für Tage,
                               für Zusammensetzungen aus Jahr, Monat, Tag

Merke:

Im Rahmen der Zinsrechnung gelten in Deutschland hinsichtlich der Zeit folgende Richtlinien:		
	1 Jahr =	360 Tage
	1 Monat =	30 Tage

Beispielaufgabe 1:

Berechnen Sie die Zinslaufzeit vom 9.Januar bis 16.Mai.

Ausführliche **Lösung:**	9.1.	bis	30.1.	=	22 Tage
	1.2.	bis	30.2.	=	30 Tage
	1.3.	bis	30.3.	=	30 Tage
	1.4.	bis	30.4.	=	30 Tage
	1.5.	bis	16.5.	=	16 Tage
					128 Tage

Der erste und der letzte Tag zählen jeweils nur als ½ Tag.   - 1 Tag

127 Tage

Vereinfachte **Lösung:**	9.1.	bis	9.5.	= 4 Monate	= 120 Tage
	10.5.	bis	16.10.	= 7 Tage	= 7 Tage
					127 Tage

Beispielaufgabe 2:

Berechnen Sie die Zinslaufzeit vom 25.März 2015 bis 4.August 2018.

25.3.15	bis	25.3.18	= 3 Jahre	= 1.080 Tage
25.3.18.	bis	25.7.18	= 4 Monate	= 120 Tage
26.7.	bis	4.8.		= 9 Tage
				1.209 Tage

Übungsaufgaben:

1. Berechnen Sie die Zinszeiten.
   a) vom 15.11. bis 18.12.
   b) vom 12.02. bis 01.04.
   c) vom 13.09. bis 31.12.
   d) vom 29.05. bis 23.10.
   e) vom 30.08. bis 22.11.
   f) vom 14.02. bis 29.02.
   g) vom 23.12. bis 28.02.
   h) vom 25.08. bis 12.11.

2. Welche Zeit ist in Ansatz zu bringen vom 18.04.2017 bis zum 25.11.2018?

3. Errechnen Sie die Zinszeiten
   a) vom 28.03.2018 bis 15.08.2018
   b) vom 01.07.2012 bis 20.05.2018
   c) vom 02.07.2014 bis 30.03.2018

Zinsrechnen

6.2. Berechnen der Zinsen

Die Formel zur Berechnung von **Zinsen für Tage**:

$$Z = \frac{K \bullet p \bullet t}{100 \bullet 360}$$

Beispielaufgabe:

Ein Sparguthaben von 3.240,- € wird für 55 Tage mit 4 % verzinst.

Lösung: $Z = \dfrac{K \bullet p \bullet t}{100 \bullet 360} = \dfrac{3.240 \bullet 4 \bullet 55}{100 \bullet 360} = \underline{\underline{19,80\ €}}$

Übungsaufgaben:

1. Wie viel Euro Zinsen bringen folgende Guthaben?
    a)   385,- €   bei   4 % Zinsen   in   70 Tagen
    b) 1.532,- €   bei   5 % Zinsen   in   95 Tagen
    c) 1.450,- €   bei   6 % Zinsen   in   74 Tagen
    d) 2.188,- €   bei   7 % Zinsen   in   38 Tagen

2. Ein Sparbetrag in Höhe von 465,00 € steht bis zum Jahresende noch 107 Tage auf dem Konto.
    Wie viel € Zinsen darf der Einzahler erwarten, wenn der Zinssatz 3½ % beträgt?

3. Wie viel € Zinsen bringen folgende Guthaben?
    a) 2.475,00 €   bei 4 ½ % Zinsen   vom 15.12.2017 bis 25.04.2018
    b) 1.876,00 €   bei 5 ¾ % Zinsen   vom 12.11.2015 bis 08.05.2018

4. Sie kaufen für die Marketingabteilung eine Kamera im Wert von 1.750 €. Davon zahlen Sie 400,- € an, der Rest soll in 18 Raten bei 6,5 % Zinsen gezahlt werden.
    a) Wie viel zahlen Sie pro Rate?
    b) Wie teuer wird die Kamera?

5. Eine Rechnung von 580,- €, fällig am 03.Februar, wird erst am 22.August des gleichen Jahres gezahlt.
   a) Wie viel Verzugszinsen sind bei 6,5 % zu zahlen?
   b) Wie lautet der zu überweisende Betrag?

6. Eine Gestalterin hat ein Guthaben von 4.345,- € auf ihrem Sparbuch. Zum Jahresabschluss wurden ihr von der Bank 59,74 € Zinsen gutgeschrieben
   Für welchen Zeitraum waren die Zinsen bei einem Zinssatz von 5½ % berechnet?

7. Eine Marketing-GmbH muss zur Modernisierung der Werkstatt einen Kredit von 25.000,- € aufnehmen. Der Zinssatz der Bank beträgt 7,5 %.
   Welcher Betrag ist einschließlich Zinsen am 15.12. zurückzuzahlen, wenn der Kredit am 25.02. gewährt wurde?

8. Für den Kauf eines Plotters musste Ihre GmbH einen Kredit in Höhe von 18.000,- € zu 6,5 % Zinsen aufnehmen. Nach acht Monaten zahlt das Unternehmen fristgerecht den Kredit einschließlich Zinsen zurück.
   Ermitteln Sie den Betrag, den die Kommunikations-GmbH zurückzahlen muss.

6.3. Berechnen des Kapitals, des Zinssatzes und der Zeit

Bei der Zinsrechnung spielen 4 Größen eine Rolle: das Kapital, der Zinssatz, die Laufzeit und die Zinsen.

Soll eine dieser Größen berechnet werden, müssen die drei übrigen bekannt sein. Die Zinsgrundformel ist also entsprechend umzustellen.

Aus der Zinsgrundformel $Z = \dfrac{K \bullet p \bullet t}{100 \bullet 360}$ wird …

$$K = \frac{Z \bullet 100 \bullet 360}{p \bullet t} \qquad p = \frac{Z \bullet 100 \bullet 360}{K \bullet t} \qquad t = \frac{Z \bullet 100 \bullet 360}{K \bullet p}$$

| Umstellung nach **Kapital** | Umstellung nach **Zinssatz** | Umstellung nach **Zeit** |

Zinsrechnen

Beispielaufgabe 1:
Welches Kapital bringt in 380 Tagen bei 7,5 % 47,50 € Zinsen?

Lösung: $K = \dfrac{Z \bullet 100 \bullet 360}{p \bullet t} = \dfrac{47,50 \bullet 100 \bullet 360}{7,5 \bullet 380} = \underline{\underline{600,- €}}$

Beispielaufgabe 2:
Bei welchem Zinssatz zahlt die Bank für ein Kapital von 840,- € in 420 Tagen 49,- € Zinsen.

Lösung: $p = \dfrac{Z \bullet 100 \bullet 360}{K \bullet t} = \dfrac{49 \bullet 100 \bullet 360}{840 \bullet 420} = \underline{\underline{5\,\%}}$

Übungsaufgaben:

1. Ein Lieferer berechnet für eine Rechnung, die 50 Tage zu spät bezahlt wurde, 6 % Verzugszinsen. Das sind 7,- €.
    Wie hoch war der Rechnungsbetrag?

2. Für einen Kredit, den Ihre Agentur zum Kauf einer Maschine genommen hat, sind vierteljährlich 68,40 € Zinsen zu zahlen.
    Wie groß ist der Kredit, wenn die Bank 7,2 % Zinsen berechnet?

3. Die Bank belastet das Konto einer GmbH am Ende der 90-tägigen Laufzeit des zu 6 % Zinsen gewährten Überbrückungskredits mit 75,- € Zinsen.
    Wie hoch ist die jetzt zur Rückzahlung fällige Gesamtsumme?

4. Welcher Sparbetrag bringt in 6 Monaten bei 5 % Zinsen einen doppelt so hohen Zinsertrag wie 1.500,- € zu 7,5 % in 100 Tagen?

5. Ein Lieferer berechnet für eine 40 Tage zu spät bezahlte Rechnung über 540,- € Verzugszinsen in Höhe von 3,60 €.
    Wie viel % Zinsen wurden verlangt?

6. Weil Sie das Portemonnaie vergessen haben, leihen Sie sich bei einem Kollegen für einen Tag 5,- €. Am nächsten Tag will er 6,- € zurückerhalten. Ist es ein netter Kollege?

7. Wir zahlen ein Darlehen von 2.400,- € nach 15 Monaten mit 2.625,- € zurück. Welcher Zinssatz wurde berechnet?

8. Der Umbau der Schaufensterfront eines Kaufhauses war mit 48.500,- € kalkuliert. 40 % davon wurde durch Kredit gedeckt. Dieser, bei einer Bank am 15.Mai genommen, wurde am 12.Dezember desselben Jahres einschließlich Zinsen mit 20.292,40 € zurückgezahlt.
Welchen Zinssatz hat die Bank erhoben?

9. Eine Rechnung über 240,- € wird verspätet bezahlt. Dafür werden dem Kunden 6 % Verzugszinsen berechnet, das sind 1,68 €.
Wie viel Tage ist die Rechnung zu spät bezahlt worden?

10. Für ein Darlehen in Höhe von 3.400,- € wurden bei einem Zinsfuß von 4 ½ % insgesamt 3.582,75 € zurückgezahlt.
Wie lange wurde das Darlehen in Anspruch genommen?

11. Zur Kauffinanzierung eines Lieferautos wurde am 1.März ein Kredit von 12.400,- € aufgenommen. Zurückgezahlt wurde der Kredit einschließlich der 6 %-igen Verzinsung mit 13.020,- €.
Wann erfolgte die Zurückzahlung?

12. Ein Kredit von 800,- € ergab bei 3,6 % 3,20 € Zinsen.
Wann endete die Kreditlaufzeit, wenn der Kredit am 25.Februar aufgenommen worden war?

13. Für die Anschaffung von 25 vollbeweglichen Schaufensterfiguren hat die Marketingabteilung eines Warenhauses am 8.Februar einen Kredit von 10.400 € aufgenommen. Die Rückzahlung von insgesamt 10.725 € (Kredit und Zinsen) erfolgte am 8.Juli des gleichen Jahres.
Welchen Zinssatz hat die Bank erhoben?

14. Für den Kauf einer neuen Maschine für die Werkstatt ist die Aufnahme eines Darlehens erforderlich. Eine Bank hat berechnet, dass bei einer Darlehenslaufzeit von 180 Tagen 193,50 € Zinsen anfallen. Das Angebot einer anderen Bank war günstiger, sie nimmt 1 % weniger Zinsen und kommt dadurch auf lediglich 172,- €.
Wie groß ist das benötigte Darlehen?

15. Für die Übernahme der Vorbereitung und Gestaltung eines Weihnachtsmarktes hatte Ihre Agentur am 30.08. einen Kredit über 45.000,00 € aufgenommen. Dieser wurde jedoch nach kurzer Zeit bei einem Zinssatz von 7 ½ % mit 45.768,75 € von Ihnen zurückgezahlt.
Wann war der Tag der Rückzahlung?

Zinsrechnen

7. Mischungsrechnen

Aus unterschiedlichen Gründen wird gemischt. So kann es darum gehen, die Qualität eines bestimmten Materials zu verbessern oder einen gewissen Farbton zu erzeugen. Es ist auch möglich, durch Mischungen einen günstigeren Preis anzustreben. Mischungsrechnen ist also erforderlich, um Durchschnittswerte von Werkstoff- oder Materialmischungen zu ermitteln.

Beispielaufgabe 1:

Berechnen Sie den Preis von 1 kg Mischfarbe, wenn 7 kg Farbe zu 3,16 € je 1 kg und 4 kg Farbe zu 6,02 € für 1 kg gemischt werden.

Lösung:

$$
\begin{array}{rcl}
7 \text{ kg} \cdot 3,16\,€ & = & 22,12\,€ \\
\underline{4 \text{ kg} \cdot 6,02\,€} & = & \underline{24,08\,€\,1 \text{ kg}} \\
\text{insgesamt: } 11\text{kg} & = & 46,20\,€ \\
46,20\,€ : 11 \text{ kg} & = & \underline{\underline{4,20\,€/\text{kg}}}
\end{array}
$$

Antwort:

Ein Kilogramm von der Mischung kostet 4,20 €.

Beispielaufgabe 2:

Der Kilogrammpreis einer Farbmischung soll 3,20 € betragen. Es stehen 2 Farben zur Mischung zur Verfügung. Die eine Sorte kostet 1,60 €/kg und die zweite 4,- €/kg.
Wie muss das Mischungsverhältnis sein?

Lösung:

Die zu mischenden Sorten sind im umgekehrten Verhältnis ihrer Preisdifferenz zur Mischungssorte zu mischen.

1.Sorte: 1,60 € je kg / Unterschied zur Mischung: 1,60 €   80

2.Sorte: 4,00 € je kg / Unterschied zur Mischung: 0,80 €   160

$$80 : 160 = \underline{\underline{1:2}}$$

Antwort:

1 kg zu 1,60 €/kg und 2 kg zu 4,- €/kg ergibt eine Mischung von 3,20 €/kg.

Übungsaufgaben:

1. Wie viel kostet ein Kilogramm, wenn gemischt werden:
   a)   1 kg zu je 2,12 €   mit   1 kg zu je 1,14 €
   b)   2 kg zu je 0,74 €   mit   2 kg zu je 0,46 €
   c)   2 kg zu je 1,50 €   mit   2 kg zu je 3,20 €
   d)   2 kg zu je 0,72 €   mit   1 kg zu je 3,15 €

2. Berechnen Sie die Preise für 1 kg Mischfarbe, wenn folgende Mischungen vorgenommen werden:
   a)   1 kg zu je 3,37 €/kg   mit   9 kg zu je 10,37 €/kg
   b)   6 kg zu je 1,12 €/kg   mit   4 kg zu je   6,42 €/kg
   c)   0,7 kg zu je 8,75 €/kg   mit   1,8 kg zu je   2,25 €/kg
   d)   0,75 kg zu je 1,16 €/kg   mit   0,25 kg zu je 2,80 €/kg

3. Die Mischung eines Spezialklebers soll 4,50 € je kg betragen. Die beiden Einzelkomponenten kosten 2,70 € und 9,90 € je kg.
   Wie viel kg je Sorte sind zu mischen?

4. Zum Aufziehen von Fotos bereiten Sie einen Klebstoff selbst vor. Sie verwenden: 800 g Kleister zu 3,50 €/kg und 2,8 kg Dispersion zu 6,20 €/kg.
   a)   Was kostet der Klebstoff insgesamt?
   b)   Wie viel kostet 1 kg der Mischung?

5. 2 unterschiedliche Farben zu 2,40 € bzw. 9,- € je kg sollen so gemischt werden, dass 1 kg der Mischung 6,- € kostet.

6. Sie mischen 1,5 kg Kleister zu 2,75 €/kg und 4 kg Dispersion zu 71,50 €/kg.
   Wie viel kostet 1 kg des Spezialklebers?

7. Die Bodenfläche eines Messestandes soll den Wünschen des Auftraggebers entsprechend in einem warmen Grauton gestrichen werden. Sie müssen den verlangten Farbton selbst mischen und verwenden dazu:
   15 l Kunstharzlackfarbe titanweiß   9,90 € je   750 ml
   0,8 l Kunstharzbuntlack elfenbeinschwarz   8,40 € je   250 ml
   1,5 l Kunstharzbuntlack kadmiumrot   12,10 € je   750 ml
   1,2 l Verdünnung   4,90 € je 1.000 ml
   a)   Was kostet das gesamte Material?
   b)   Wie viel kostet 1 Liter der Lackfarbenmischung?

8. Der Preis für eine gemischte Farbe ist 6,- € pro kg. Gemischt wurden Farben zu 2,70 €/kg und 9,- €/kg.
   Wie ist das Mischungsverhältnis?

9. Die Wände von 11 gleich großen Schaufenstern sind mit Strukturtapete beklebt. Sie sollen zur Herbsteröffnung mit einer selbst getönten Dispersionsfarbe überstrichen werden. Die Farbe wird von der Gestalterin für visuelles Marketing selbst gemischt. Sie benötigt:

95	kg Dispersions-Innenwandfarbe weiß	3,90 € je kg
6,7	kg Vollton-Abtönfarbe rot	4,60 € je kg
3,5	kg Vollton-Abtönfarbe ocker	4,45 € je kg
2,8	kg Vollton-Abtönfarbe gelb	6,40 € je kg
12	Liter Wasser zur Einstellung der Streichfähigkeit	

a) Wie teuer ist 1 kg der Farbe?

b) Wie teuer ist die Farbe für ein Schaufenster?

c) Was würde die gesamte Farbe kosten, wenn anstelle der Dispersionsfarbe weiß zu 3,90 € ein billigeres Produkt zum Preis von 2,95 € verwendet wird, damit wegen seiner geringeren Deckfähigkeit der Anstrich jedoch 2 x ausgeführt werden müsste und dementsprechend die doppelte Menge Farbe erforderlich wäre?

d) Was würde die gesamte Farbe (für den zweimaligen Anstrich) kosten, wenn die Preise für Volltonfarben inzwischen um 5 % gestiegen sind?

10. Bei der Kalkulation eines Kundenauftrages kostete laut Listenpreis die benötigte Farbe 6,40 € je kg. Nun ist aber nur welche zu 3,20 € je kg und 12,- € je kg verfügbar. Eine Möglichkeit ist, die Farben so zu mischen, dass ein kg-Preis von 6,40 € entsteht.

In welchem Verhältnis müssen die beiden Farben gemischt werden?

11. Am Lager befinden sich noch 5 kg eines Spezialklebers zu 3,80 € je kg. Da jedoch 7 kg Kleber gebraucht werden, müssen noch 2 kg einer anderen Sorte (kg-Preis 2,40 €) beigemischt werden.

a) Wie viel kostet der Kleber insgesamt?

b) Wie ist bei der Mischung der Preis für 1 kg?

Mischungsrechnen

8. Verteilungsrechnen

Das Verteilungsrechnen hat die Aufgabe, eine Gesamtmenge nach einem vereinbarten oder festgelegten oder auch erst zu ermittelndem **Schlüssel** zu verteilen. Das können Gewinne und Verluste sein oder Kosten und Werkstoffe.

Beispielaufgabe 1:
In einem Kaufhaus fallen monatliche Betriebskosten (Heizung, Elektroenergie, Reinigung usw.) von insgesamt 109.080,- € an. Diese sollen laut Festlegung auf die einzelnen Abteilungen entsprechend der jeweiligen Quadratmeterzahl aufgeteilt werden.

Das sind die Abteilungen: Möbel- und Wohnabteilung	1.400 m²
Bekleidungsabteilung	600 m²
Haushaltwarenabteilung	400 m²
Elektro-Abteilung	550 m²
Marketingabteilung	80 m³
insgesamt also:	3.030 m²

Wie groß ist der Anteil an den Betriebskosten einer jeden Abteilung?

Der **Verteilungsschlüssel** lautet:

$$\text{Verteilerschlüssel} = \frac{\text{Einzelwert}}{\text{Gesamtwert}} \bullet \text{Verteilungsmenge}$$

Lösung:

Möbelabteilung: $\dfrac{1.400 \text{ m}^2}{3.030 \text{ m}^2} \bullet 109.080 \,€ = \underline{\underline{50.400 \,€}}$

Bekleidungsabteilung $\dfrac{600 \text{ m}^2}{3.030 \text{ m}^2} \bullet 109.080 \,€ = \underline{\underline{21.600 \,€}}$

Nach gleicher Vorgehensweise erhalten:
Haushaltwarenabteilung	14.400,- €
Elektro-Abteilung	19.800,- €
Marketingabteilung	2.880,- €

Was aber, wenn mehrere Kriterien bei der Verteilung zu berücksichtigen sind? Wie sieht dann der Bewertungsschlüssel aus?

Dazu Beispielaufgabe 2:

2 Auszubildende der Marketingabteilung haben sich erfolgreich an einem Schaufensterwettbewerb beteiligt und 500,- € Prämie bekommen.

A meint, man müsse bei der Verteilung die geleisteten Projektstunden zu Grunde legen.

B ist bereits im 3.Lehrjahr und erhebt deshalb den größeren Anspruch.

Da es zwei lustige Typen sind, einigt man sich, beide Kriterien zu berücksichtigen.

Lösung:

	Lehrjahre	Arbeitsstunden
Azubi A	1	12
Azubi B	3	6
insgesamt:	4	18

Anteil von A:
$$\left(\frac{1}{4} + \frac{12}{18}\right) : 2 \bullet 500\ € = \underline{\underline{229{,}17\ €}}$$

Diese „geteilt durch 2" ist notwendig, weil vorher zweimal „Einzelwert durch Gesamtwert" addiert wurde.

Nach gleichem Berechnungsprinzip ergeben sich für B = 270,83 €.

Übungsaufgaben:

1. Die Frachtkosten für das Dekorationsmaterial betragen 94,08 €. Diese Kosten sollen nach der Schaufensterbodenfläche verteilt werden.
   Filiale A = 18,0 m², B = 46,6 m², C = 64,8 m² und D = 94,6 m².
   Welcher Betrag entfällt auf die einzelnen Filialen?

2. Eine Abteilungsleiterin muss noch für vier Filialen das Deko-Material einkaufen. Der Rechnungsbetrag für einen Monat beträgt 1.782,50 €. Nach der Anzahl der Fenster soll der Betrag aufgeteilt werden. Filiale A hat 4, B hat 7, C hat 9 und D hat 11 Fenster.
   Mit welchem Betrag muss sie die einzelnen Filialen belasten?

3. Drei selbständige Schauwerbegestalter kaufen gemeinsam Plakatfarbe ein.
   K erhält $^1/_3$, L bekommt $^2/_5$ und M den Rest der insgesamt 52,5 kg.
   Wie viel kg erhält jeder?

4. 12.000 € sollen an 3 Filialen zum Kauf von Deko-Material nach folgenden Kriterien verteilt werden:
   nach der Größe Ausstellungsfläche: A = 110 m², B = 80 m², C = 50 m²
   nach den monatl. Umsätzen: A = 110.000 €, B = 120.000 €, C = 65.000 €
   Wie viel € bekommt jede Filiale von den 12.000 €?

5. Ein Kaufhaus beteiligt seine Mitarbeiter am Gewinn und bringt deshalb 4.200,- € für die Beschäftigten der Marketing-Abteilung zur Ausschüttung. Die Anteile der einzelnen Mitarbeiter richten sich erstens nach der Beschäftigungsdauer und zweitens nach dem Jahresgehalt.

Beschäftigte:	A	4 Jahre	Jahresgehalt	21.000,- €
	B	10 Jahre	Jahresgehalt	22.500,- €
	C	6 Jahre	Jahresgehalt	18.000,- €
	D	8 Jahre	Jahresgehalt	24.000,- €
	E	2 Jahre	Jahresgehalt	27.600,- €

   Wie hoch ist der Betrag, den jeder Beschäftigte bekommt?

6. Für die vorbildliche Ordnung an den Arbeitsplätzen und die gewissenhafte Pflege der Werkzeuge und Maschinen bekommen die 3 Auszubildenden am Jahresende vom Chef eine Anerkennung von 600,- €. Zur Aufteilung des Geldes hat er festgelegt, dass der Azubi des 2.Lehrjahres 20 € mehr bekommt als der des 1.Lehjahres und der des 3.Jahres nochmals 20 € mehr als der des 2.Lehrjahres. Wie viel € erhält jeder der 3 Auszubildenden?

7. Die 3 Gesellschafter einer OHG sind mit folgenden Kapitaleinlagen am Unternehmen beteiligt:
   A mit 100.000,- €, B mit 80.000,- € und C mit 45.000,- €.
   Der Gewinn im abgelaufenen Geschäftsjahr beträgt 81.000,- €. Laut Gesellschaftervertrag wird der Gewinn wie folgt verteilt:
   • Jeder Gesellschafter erhält auf seine Kapitaleinlage vorab 8 % Zinsen.
   • Der Rest wird nach Köpfen auf die Gesellschafter verteilt.
   Ermitteln Sie den Betrag, den jeder Gesellschafter insgesamt erhält!

Verteilungsrechnen

9. Durchschnittsrechnen

Wir unterscheiden in **einfachen** und **gewogenen Durchschnitt**.

Beim **einfachen Durchschnitt** errechnet man aus mehreren Werten den Mittelwert

mit der Formel: einfacher Durchschnitt = $\dfrac{\text{Summe aller Einzelwerte}}{\text{Anzahl der einzelnen Werte}}$

Beispielaufgabe:
An einem Kundenauftrages arbeitete ein Gestalter am Montag 8 Stunden, am Dienstag 5 Stunden, am Mittwoch 4 Stunden und am Donnerstag 7 Stunden. Wie hoch war der durchschnittliche Tageseinsatz?

Lösung: $\dfrac{8 + 5 + 4 + 7}{4} = \dfrac{24}{4} = 6 \text{ Stunden/tgl.}$

Der **gewogene Durchschnitt** errechnet sich aus mehreren Werten mit unterschiedlichen Mengenanteilen.

gewogener Durchschnitt = $\dfrac{\text{gewogene Summe aller Einzelwerte}}{\text{Gesamtmenge (bzw. Gesamtgewicht)}}$

Beispielaufgabe:
Berechnen Sie den Preis von 1 kg Mischfarbe, wenn folgende Farben gemischt werden: 2 kg zu 3,81 €/kg, 3 kg zu 1,89 €/kg und 4 kg zu 4,35 €/kg.

Lösung:

$$
\begin{array}{rl}
2 \cdot 3,81 \,€ = & 7,62 \,€ \\
3 \cdot 1,89 \,€ = & 5,67 \,€ \\
\underline{4 \cdot 4,35 \,€ =} & \underline{17,40 \,€} \\
9 \text{ kg} & 30,69 \,€
\end{array}
$$

⇨ 30.69 € ÷ 9 kg = <u>3,41 €/kg</u>

Übungsaufgaben:

1. In der Berufsschulklasse für Gestalter/Gestalterin für visuelles Marketing sind 24 Auszubildende. Von denen sind 4 Lehrlinge 17 Jahre alt, 10 sind 18 Jahre, 4 sind 19 Jahre und 6 sind 20 Jahre alt.
   Wie alt sind die Auszubildenden dieser Klasse im Durchschnitt?

2. Nach der schriftlichen Leistungskontrolle im Fachrechnen wurde folgender Zensurenspiegel ausgegeben:

Noten	1	2	3	4	5	6
Anzahl der Schüler	3	6	5	3	2	1

Wie war der Klassendurchschnitt dieser Leistungskontrolle?

3. Die Energiekosten eines Unternehmens betrugen in den einzelnen Quartalen des letzten Jahres:
   1.Quartal 872,45 €
   2.Quartal 812,58 €
   3.Quartal 689,13 €
   4.Quartal 914,80 €
   Wie hoch waren im Durchschnitt die monatlichen Energiekosten auf das Jahr bezogen?

4. Ein Azubi erzielte bei der Abschlussprüfung folgende Ergebnisse:
   Fach A = 82 Punkte, Fach B = 62 Punkte,
   Fach C = 52 Punkte, Fach D = 69 Punkte
   Bei der Ermittlung des Gesamtergebnisses wird Fach A doppelt gewichtet. Ermitteln Sie die Durchschnittspunktzahl die der Azubi bei der Abschlussprüfung erreicht hat!

5. Azubi A hat seine Abschlussprüfung als Klassenbester mit folgenden Teilergebnissen absolviert: Schriftliche Prüfung Teil 1:   98 Punkte
   Schriftliche Prüfung Teil 2:   90 Punkte
   Schriftliche Prüfung Teil 3:   91 Punkte
   Praktischer Prüfungsteil: 97 Punkte
   Bei der Ermittlung des Durchschnitts für den schriftlichen Teil zählt jeder der drei Prüfungsbereiche gleich viel.
   Bei der Ermittlung des Gesamtergebnisses zählen der schriftliche und der praktische Teil gleich viel.
   Ermitteln Sie, wie viel Punkte im Durchschnitt insgesamt erreicht wurden!

6. An Portokosten für Geschäftspost sind entstanden: März: 64,20 €
   April: 58,80 €
   Mai: 67,30 €
   Juni: 71,00 €
   Juli: 72,10 €
   August: 59,80 €
   Berechnen Sie die durchschnittlichen monatlichen Portokosten für das 2.Quartal.

Durchschnittsrechnen

10. Anzeigenpreisberechnung

Gedruckte Anzeigen sind öffentliche Ankündigungen und sollen Informationen, Bekanntmachungen oder Werbebotschaften einer großen Öffentlichkeit vermitteln. Der Betrachter einer solchen gedruckten Publikation hat die Möglichkeit, sich zeitlich unbeschränkt und oft zu informieren. Anzeigen sind deshalb für das visuelle Marketing ein unverzichtbares Medium. Da neben dem Werbeziel und der Werbestrategie das zur Verfügung stehende Budget ein entscheidender Faktor ist, steht oft die Frage: „Was kosten Anzeigen?"

Die Antwort: „Anzeigen sind nur dann teuer, wenn sie keine Wirkung erzielen."

Der Grundpreis einer Anzeige multipliziert sich aus der Millimetermenge und dem Millimeterpreis. Die Millimetermenge ergibt sich aus der Höhe der Anzeige (in mm) und der Zahl der Spalten, die die Breite der Anzeige bestimmen. Der Millimeterpreis ist der Preis für eine Zeile von einem Millimeter Höhe pro Spalte. Die Millimetermenge wird mit dem Millimeterpreis multipliziert. Der Preis für eine Anzeige in einer Zeitung wird somit wie folgt berechnet:

Anzeigenpreis = Höhe der Anzeige (mm) • Spaltenanzahl • Millimeterpreis

---

Daneben gibt es noch eine Reihe von Zuschlägen, z.B. für die Platzierung der Anzeige (Text- oder Anzeigenteil, Umschlagseiten) und für Sonderfarben.

Preisnachlässe sind dagegen Ortsansässigen-, Mengen- und Wiederholrabatte (Malstaffel).

Beispielaufgabe:

Eine dreispaltige einfarbige Anzeige in einem Wochenblatt ist 130 mm hoch. Der Millimeterpreis beträgt bei dieser Zeitung 4,80 €. Die Preisliste sieht bei mindestens fünfmaligem Erscheinen der Anzeige 6 % Malstaffelrabatt vor.
Wie teuer (netto) ist eine achtmalige Veröffentlichung der Anzeige?

Lösung:

130 mm • 3 Spalten = 390 mm • 4,80 € = 1.872,- €
1.872,- € - 6 % Rabatt = 1.759,68 €
1.756,68 € • 8 Veröffentlichungen = 14.077,44 €

Übungsaufgaben:

Anzeigenpreisliste	Preise für Werbeanzeigen in €					
Seitenanteil	Format/mm Breite Höhe		1-farbig sw	2-farbig	3-farbig	4-farbig
1/1 Seite hoch	182	251	1220,-	1418,-	1616,-	1814,-
3/4 Seite quer	182	185	948,-	1146,-	1344,-	1542,-
2/3 Seite quer hoch	182 119,5	167 251	856,-	1057,-	1255,-	1453,-
1/2 Seite quer hoch	182 88	124 251	673,-	871,-	1069,-	1267,-
1/3 Seite quer hoch	182 57	80 251	467,-	665,-	963,-	1061,-
1/4 Seite quer hoch	182 88	58 123	382,-	580,-	778,-	976,-
1/6 Seite quer hoch	182 57	40 127	280,-	430,-	580,-	730,-
1/8 Seite quer hoch	182 57	30 95	225,-	325,-	425,-	525,-

- **Beilagen:** bis 25 g 1260,- (auch in Teilauflagen möglich) Kongressausgabe 6000 Exemplare max.Beilagenformat 205 x 290 mm
Einhefter/Einkleber: auf Anfrage

- **Farbzuschläge*⁾:** je 279,- €
- **Platzierungszuschläge/ Vorzugsplätze:** Umschlagseiten (U2, U3, U4) plus 10 %

*⁾ **nicht** rabattierfähig

Rabattstaffel für Werbeanzeigen (Abnahmezeit 1 Jahr)		**Preise für Stellenanzeigen** je mm Höhe 1-spaltig (Spaltenbreite 88 mm)	
Malstaffel	**Mengenstaffel**	Stellenangebote	3,00 €
3 Anzeigen 5 %	3 Seiten 10%	Stellengesuche	2,00 €
5 Anzeigen 10 %	6 Seiten 15 %	Weitere Rubrikanzeigen	3,00 €
12 Anzeigen15 %	12 Seiten 20 %	**Chiffregebühren** 8,00 € inkl. Porto/Versand	

Zahlungsbedingungen:
3 % Skonto bei Zahlung auf Vorausrechnung; 2 % Skonto bei Zahlung innerhalb von 14 Tagen ab Rechnungsdatum; netto innerhalb von 30 Tagen

Die Aufgaben 1 – 3 und 10 der nachfolgenden Seite sind unter Verwendung dieser Anzeigenpreisliste zu bearbeiten.

Anzeigenpreisberechnung

1. Berechnen Sie anhand der auf der Vorseite abgebildeten Preisliste den Anzeigenpreis für eine ¼ Seite quer 3-farbig zusätzlich einer Sonderfarbe bei einer fünfmaligen Schaltung!

2. Eine vierspaltige Anzeige (Stellenangebot eines Unternehmens) ist 135 mm hoch und wird achtmal veröffentlicht.
   Welchen Preis hat das Unternehmen für diese Serie zu zahlen?

3. Wie teuer kommt einem Industriebetrieb die dreimalige Veröffentlichung einer $^3/_4$ – seitigen sw-Anzeige, wenn diese auf der 2.Umschlagseite platziert werden soll?

4. Berechnen Sie den Brutto-Gesamtpreis einer mehrteiligen Anzeigenserie entsprechend der nachfolgend abgebildeten Anzeigenpreisliste.
   Folgende Anzeigen wurden geschaltet:

   - am Donnerstag im Anzeigenteil:
     1 vierfarbige Anzeige, vierspaltig, 120 mm hoch
     1 blatthohe (487 mm), einspaltige, einfarbige Anzeige

   - am Sonnabend im Textteil:
     2 einfarbige Anzeigen, zweispaltig, 60 mm hoch
     1 blattbreite (6 Spalten) einfarbige Streifenanzeige, 100 mm hoch

   Dem Kunden werden 4 % Mengenstaffelrabatt und bei Vorauszahlung 2 % Skonto eingeräumt. Die Mehrwertsteuer beträgt 19 %.

Grundpreise	Mo bis Fr			Sa und So		
€/mm	schwarz /weiß	1 Zusatz- farbe	2 – 3 Zusatz- farben	schwarz /weiß	1 Zusatz- farbe	2 – 3 Zusatz -farben
Anzeigenteil	3,85 €	4,70 €	5,45 e	4,05 €	4,95 €	5,70 €
Textteil	13,30 €	16,35 €	18,85 €	13,95 €	17,05 €	19,65 €

5. Der Anzeigenteil einer Zeitschrift ist 8-spaltig gesetzt. Für eine Werbeaktion eines Ihrer Kunden haben Sie eine Anzeige entworfen, die in der Breite über 5 Spalten gehen würde und 284 mm hoch wäre. Da Ihr Kunde allerdings über nur einen begrenzten Etat verfügt, müssen Sie Ihren Entwurf proportional auf 3 Spalten Breite verringern.
   Wie viel € werden dadurch eingespart, wenn der mm-Preis 4,70 € beträgt?

6. Ein Unternehmen verspricht sich durch eine Anzeigenschaltung in einer Fachzeitschrift, werbewirksam auf seine Präsenz während einer Messe hinzuweisen. Das Journal erscheint in einer Auflagenhöhe von 80.000 Exemplaren. Der gesamte Werbeetat Ihres Kunden beträgt 55.000 €. Vorgesehen sind eine sw- und eine farbige Anzeige. Eine $^1/_1$-Seite, sw, kostet netto 5.580 €, für die $^1/_1$-Seite farbig wird eine Zuschlag von 28 % erhoben.
   a) Berechnen Sie den Tausenderpreis für $^1/_1$ Seite sw.
   b) Wie viel kosten (ohne MwSt.) die sw- und die farbige Anzeige? Berechnen Sie, wie viel Prozent des Werbeetats für diese Anzeigenaktion eingesetzt werden.

7. Berechnen Sie den Rechnungsbetrag inkl. MwSt. für folgende Anzeigen in einer Tageszeitung mit beigefügtem Auszug aus der Anzeigenpreisliste. Der 6-spaltige Satzspiegel beträgt 385 mm x 545 mm bei einem Spaltenzwischenschlag von 5 mm.
   a) je eine 4-spaltige 4c-Anzeige im
      Format 190 mm x 110 mm und 190 mm x 75 mm
   b) ¼ Seite Hochformat, 1-farbig
   c) $^1/_6$ Seite 1-spaltig, 2-farbig

Farben	1c	2c	3c	4c
mm-Preis (EUR)	1,16	1,38	1,61	1,80

8. Welche Kosten (ohne MwSt.) entstehen einem Kunden für die nachfolgend beschriebene Anzeigenaktion:
   1 Anzeige (4-farbig, 3-spaltig, 300 mm hoch) in der Gesamtausgabe
   3 Anzeigen (1-farbig, 4-spaltig, 150 mm hoch) in der Hauptausgabe
   2 Anzeigen (2-farbig, 3-spaltig, blatthoch) in der Lokal- und Hauptausgabe

Preisliste einer Tageszeitung (Anzeigenteil)
Anzeigenpreise in € für einen mm pro Spalte

Ausgabe	Grundpreis sw-Anzeige	Grundpreis bei 1 Zusatzfarbe	Grundpreis bei 2 Zusatzfarben	Grundpreis bei 3 Zusatzfarben
Gesamtausgabe	3,10	3,75	4,37	4,96
Hauptausgabe	2,59	3,18	3,74	
Lokalausgabe	0,72	0,93		
Satzspiegel:	324 mm x 487 mm			
Anzeigenteil:	Spaltenbreite 42 mm, Spaltenanzahl 7			

9. In der Zeitschrift „Der Handel" soll ein Jahr lang eine Anzeige erscheinen. Die Anzeige ist 2-farbig, 3-spaltig und 120 mm hoch. Die Anzeige soll auf der 3.Umschlagseite erscheinen.

Anzeigenpreisliste „Der Handel"

Millimeterpreis je Spalte: 2,90 €

Platzierungszuschlag:
für 3. und 4 Umschlagseite jeweils 300,00 € (nicht rabattfähig)

Aufschlag pro Farbe: 640,00 €

Erscheinungsweise: monatlich

Wiederholungsrabatte innerhalb eines Jahres
ab 3 Anzeigen 3 %, ab 6 Anzeigen 10 %;

kein Rabatt auf Platzierungs- und Farbzuschlag

Berechnen Sie mit Hilfe obiger Preisliste den Preis für den Gesamtauftrag.

10. Ihre Marketingabteilung übernimmt für ein Unternehmen die Bewerbung der Präsentation eines neuen Produktes. Sie schlagen dem Kunden vor, in einem monatlich erscheinenden Fachjournal ein Jahr lang eine Anzeige zu veröffentlichen. Entsprechend Ihres Entwurfes wird die Anzeige 2-farbig und 182 mm x 80 mm groß.
(Verwenden Sie die Anzeigenpreisliste von der Seite 59 des Lehrbuches.)
   a) Berechnen Sie den Anzeigenpreis der gesamten Staffel einschließlich möglicher Rabatte. Die Zahlung erfolgt innerhalb von 14 Tagen ab Rechnungsdatum. (MwSt. unberücksichtigt lassen!)
   b) Wie viel € können gespart werden, wenn eine Vorauszahlung erfolgen würde?
   c) Um den begrenzten Etat Ihres Kunden zu entlasten, streben Sie an, den Großhandel bei dieser Werbeaktion zu beteiligen. Ihr Vorschlag sieht vor, dass Ihr Kunde $^5/_8$ und der Großhandel die restlichen $^3/_8$ tragen.
   Berechnen Sie die einzelnen Kostenanteile, wenn beide im Voraus zahlen.

11. Mit welcher Rechenmethode wird der Anzeigenpreis (ohne Rabatte zu berücksichtigen) ermittelt?
    a) Anzeigengröße in mm x Anzahl der Schaltungen x Millimeterpreis
    b) Anzeigenhöhe in mm x Breite der Anzeige x Millimeterpreis
    c) Spaltenbreite in mm x Anzahl der Spalten x Millimeterpreis
    d) Anzeigenhöhe in mm x Anzahl der Spalten x Millimeterpreis
    e) Spaltenhöhe in mm x Anzahl der Farben x Millimeterpreis

12. Sie haben die Aufgabe, in einer Tageszeitung mit einer Anzeige für eine Geschäftseröffnung zu werben. Die Zeitung ist im Berliner Format mit einem Satzspiegel, der 278 mm breit, 430 mm hoch ist und sieben Spalten hat. Ermitteln Sie für die beiden abgebildeten Anzeigenformate die Schaltkosten, wenn der Grundpreis für eine 4c-Anzeige 3,10 € je Millimeter beträgt!

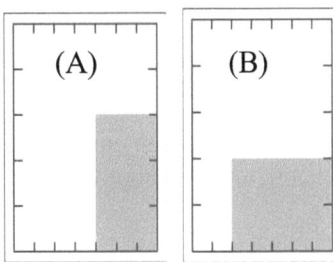

13. Von einer Tageszeitung sind folgende Daten und Preise bekannt:

Auflagenhöhe: 135.000 Expl. , davon Abo : 92.325

Technische Daten	Anzeigenpreise mm	
Berliner Format:315 x 470 mm	s/w	3,02 €
Satzspiegel: 277,5 x 430 mm	2c	3,42 €
Spaltenanzahl: 6 Spalten	3c	3,85 €
Spaltenbreite: 45 mm	4c	4,18 €

Beilagenpreise

Preise pro 1.000 Exemplar in €
bis 10 g = 88,40 €   bis 20 g = 92,50 €   bis 30 g = 107,50 €

a) Ermitteln Sie für eine 4c-Anzeige, dreispaltig, seitenhoch die Schaltkosten (ohne Rabatte).
b) Ermitteln Sie die Verteilerkosten der Beilagen, wenn sie allen Abonnenten zugestellt werden soll. Die einzelne Beilage wiegt 18 g.

Anzeigenpreisberechnung

11. Rechnen mit Maßstäben

Technische und Bauzeichnungen, Entwurfsskizzen, Lagepläne, Karten usw. sind eine Wiedergabe der Wirklichkeit in veränderter (meistens verkleinerter) Wiedergabe. Dabei entspricht die Maßstabangabe immer dem Verhältnis:

Wiedergabe zur Wirklichkeit.

So ist z.B. 1 : 5 ein Verkleinerungsmaßstab, weil 1 Maßeinheit auf der Zeichnung (Wiedergabe) 5 Einheiten in der Natur (Wirklichkeit) entsprechen. Dagegen wäre 5 : 1 eine vergrößerte Darstellung, denn 5 Maßeinheiten auf der Zeichnung sind 1 Einheit in der Realität.

Die gesuchte Länge muss also erst durch Multiplikation bzw. umgekehrt, durch Division, umgerechnet werden.

Beispielaufgabe 1:

Die Breite eines Messestandes misst auf der Zeichnung (Maßstab 1 : 100) 24 cm. Wie breit ist er in der Realität?

Lösung:

1 : 100 bedeutet. 1 cm Zeichnung entspricht 100 cm Natur.
Also, die Länge der Zeichnung ist mit 100 zu multiplizieren.
24 cm • 100 = 2.400 cm = 24 m

Beispielaufgabe 2:

Ein 150 cm x 150 cm großes Dekorationselement soll im Maßstab 1 : 19 entworfen werden.
Wie groß ist die Dekoration auf der Zeichnung?

Lösung:

1 : 10 heißt, dass die Wirklichkeit zehnmal größer ist als die Wiedergabe bzw. umgekehrt, die Darstellung auf der Zeichnung entspricht dem 10.Teil der Realität.
150 cm : 10 = 15 cm

Die zeichnerische Darstellung ist also 15 cm x 15 cm.

Übungsaufgaben:

1. Bestimmen Sie von der Länge 4,80 m die Zeichnungsmaße bei den Maßstäben a) 1 : 10, b) 1 : 25, c) 1 : 50 und d) 1 : 100!

2. Eine Linie ist auf der Zeichnung 21,3 cm lang.
Bestimmen Sie die wirklichen Längen bei den Maßstäben
a) 1 : 5, b) 1 : 10, c) 1 : 25 und d) 1 : 50

3. Eine Strecke von 150 cm soll im Maßstab 1 : 5 gezeichnet werden.
Wie lang ist sie auf der Zeichnung?

4. Ein quaderförmiges Dekorationselement hat folgende Kantenlängen: 124 cm x 78 cm x 52 cm.
Wie groß muss es im Maßstab 1 : 4 gezeichnet werden?

5. In einer Entwurfszeichnung, die im Maßstab 1 : 20 erstellt wurde, ist eine Dekoration 14,6 cm x 24,8 cm groß.
Wie groß ist die Dekoration in Wirklichkeit?

6. Ein Ausstellungsstand von 9 m x 3,75 m soll im Maßstab 1 : 25 gezeichnet werden.
Berechnen Sie die Maße auf der Zeichnung!

7. Eine Dekoration mit einer Höhe von 2,80 m ist auf der Zeichnung 14 cm groß.
In welchem Maßstab wurde die Zeichnung angefertigt?

8. Für die Gestaltung der Rückwand einer Bühne (6,85 m x 2,88 m) steht als Vorlage ein Foto im Format 360 mm x 240 mm zur Verfügung. Die Reproduktion des Fotos soll so vorgenommen werden, dass die Höhe der Bühne ausgefüllt wird.
Entscheiden Sie, mit welchem Maßstab reproduziert werden muss:
a)   1 : 12
b)   12 : 1
c)   1 : 120
d)   120 : 1

9. Ihnen wurde der Grundriss eines Konferenzsaales im Maßstab 1 : 50 vorgelegt mit dem Auftrag, die Raumausstattung einzuzeichnen. Geben Sie an, wie lang der 14,60 m große Konferenztisch in der Zeichnung darzustellen ist!
a)   14,6 cm   c)   29,2 cm   e)   0,146 dm
b)   2.920 mm   d)   2,92 m   f)   1,46 m

10. Ordnen Sie die Maßstäbe a) 1:5, b)1:10; c) 1:25, d)1: 50, e) 1:20 den zutreffenden Maßen zu.
    I)   1 m Originalmaß $\triangleq$ 0,02 m in der Zeichnung
    II) 1 m Originalmaß $\triangleq$ 0,04 m in der Zeichnung
    III) 1 m Originalmaß $\triangleq$ 0,10 m in der Zeichnung
    IV) 1 m Originalmaß $\triangleq$ 0,05 m in der Zeichnung
    V)   1 m Originalmaß $\triangleq$ 0,20 m in der Zeichnung

11. Sie erhalten den Auftrag, für ein Reisebüro die Schaufenstergestaltung vorzunehmen. Der Kunde wünscht als Attraktion die Nachbildung des Eiffelturms als Attrappe.
    Ihnen liegt eine Zeichnung des Schaufensters im Maßstab 1 :25 vor.
    Die Zeichenmaße sind:
    Breite: 16,0 cm
    Höhe: 10,4 cm
    Tiefe: 7,4 cm
    Um die Nachbildung des Eiffelturmes bei einem Deko-Handel bestellen zu können, brauchen Sie die Originalmaße des Schaufensters.
    Ermitteln Sie
    a) die Schaufensterbreite
    b) die Schaufensterhöhe und
    c) die Tiefe des Schaufensters.

12. Auf einer Zeichnung im Maßstab 1 : 20 ist die Schaufensterscheibe 240 mm x 140 mm groß. Am oberen Rand soll für meine Werbebeschriftung $^{1}/_{8}$ der Scheibe mit DC-Fix-Folie abgeklebt werden.
    Wie ist das Originalmaß dieses Streifens?

Rechnen mit Maßstäben

12.   Nutzenberechnung

Um ein zu verarbeitendes Material optimal nutzen zu können, muss ausgerechnet werden, wie viele Exemplare (Nutzen) eines anzufertigenden Elementes sich aus dem zur Verfügung stehenden Material fertigen lassen.

Bedenke: Höhere Nutzenzahl bedeutet Einsparung an Materialkosten.

Beispielaufgabe:

Aus einem Karton (140 cm x 200 cm) sollen Dekorationselemente im Format 32 cm x 55 cm geschnitten werden.
Wie viel solcher Elemente erhält man?

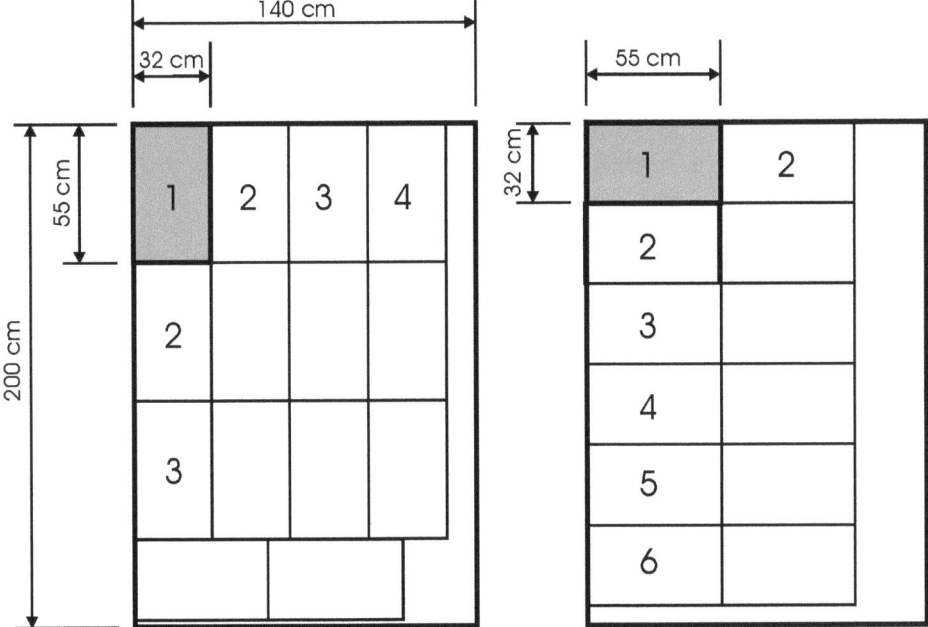

Zeichnerische Lösung

Die Ermittlung der größtmöglichen Nutzenzahl kann mit einer maßstabgerechten Zeichnung vorgenommen werden. Dieses ist jedoch sehr aufwändig.
Deshalb empfiehlt sich eine …

Rechnerische Lösung

Karton	140 • 200		140 • 200	
geteilt durch	32 • 55		55 • 32	
	4 • 3	= 12 Nutzen	2 • 6	= 12 Nutzen

Reststreifen: 12 cm x 165 cm   30 cm x 200 cm
140 cm x   35 cm   110 cm x   8 cm

Aus dem Reststreifen **140 cm x 35 cm** können noch **2 Nutzen** im Querformat angeordnet werden (140 : 55 = 2, ...; also 2 zusätzliche Nutzen).

Antwort:

14 Dekorationselemente lassen sich bei maximaler Ausnutzung des Materials herstellen.

Übungsaufgaben:

1. Wie viel Nutzen im Format 25 cm x 31 cm lassen sich aus einem Karton 96 cm x 128 cm schneiden? Verwenden Sie gegebenenfalls auch die Reststreifen.

2. Wie viel MDF-Platten im Format 122 cm x 172 cm werden für das Zuschneiden von 60 Elementen im Format 28 cm x 44 cm benötigt?

3. Für das Schneiden von 1.000 Preisschildern stehen Kartonbogen im Format 64 cm x 96 cm zur Verfügung.
    Wie viel Bogen sind notwendig, wenn das Preisschild das Format 16 cm x 25 cm haben soll?

4. Für eine Warenmesse sollen 2.500 Aufkleber im Format 18 cm x 24 cm aus Selbstklebefolie (100 cm x 140 cm) geschnitten werden.
    Wie viel Bogen sind dafür notwendig?

5. Wie viel Handzettel im Format 19 cm x 24 cm erhält man aus einem Bogen 70 cm x 100 cm, wenn ein Reststreifen ggf. genutzt wird?
    Wie viel Quadratzentimeter Papierabfall entsteht dabei?

6. Wie viel Kleinplakate 30 cm x 37 cm kann man aus 50 Bogen 70 cm x 100 cm schneiden, wenn man die Reststreifen mit verwendet?
    Wie viel Verschnitt (cm² und Prozent) muss man in Kauf nehmen?

7. Sie benötigen 50 Plakate in der Größe 42 cm x 56 cm. Es steht Ihnen Plakatkarton in der Größe 100 cm x 140 cm zur Verfügung.
   Wie viel Kartonbogen benötigen Sie bei günstigstem Zuschnitt für diesen Auftrag?

8. Zur Herstellung von 30 Dekorationselementen (62 cm x 82 cm) stehen Ihnen Sperrholzplatten im Standardformat 2,50 m x 1,70 m zur Verfügung.
   a. Berechnen Sie den Bedarf an Sperrholzplatten. Der Verschnitt ist dabei möglichst gering zu halten.
   b. Berechnen Sie den Verschnitt in Prozent.

9. Zum Aufziehen von rechteckigen Signets in der Größe 9 cm x 17 cm sollen Kartonunterlagen geschnitten werden. Um jedes Signet ist ein 50 mm breiter Kartonrand an allen vier Seiten vorgesehen.
   Wie viel Unterlagen lassen sich aus einem A1-Rohformat-Bogen (61 cm x 86 cm) schneiden?

10. Sie benötigen 60 Kleinplakate in der Größe 28 cm x 37 cm. Es steht Ihnen Karton im Format 100 cm x 140 cm zur Verfügung.
    Ermitteln Sie die Zahl der Bogen, die Sie zur Anfertigung der Plakate benötigen.

11. Für eine Marketing-Aktion werden 80 Kleinplakate im A2-Format (42 cm x 59,4 cm) benötigt. Für deren Herstellung stehen Kartonbogen in der Größe 115 cm x 150 cm zur Verfügung.
    a. Ermitteln Sie die erforderliche Anzahl an Kartonbogen, wenn Sie die Plakate von Hand zuschneiden und den günstigsten Zuschnitt wählen.
    b. Wie viel Prozent Verschnitt ergeben sich bei den verarbeiteten Kartonbogen?

12. Für eine Dekoration während der Adventzeit werden 25 rechteckige Elemente aus Holz benötigt, jedes mit der Fläche von 80 cm x 100 cm. Diese werden aus 3,2 mm starken Hartfaserplatten mit den Maßen 2,44 m x 1,22 m und einem m²-Preis von 1,89 € her.
    a. Berechnen Sie, wie viel Platten zur Verfügung stehen müssen. (Der Verschnitt soll so gering wie möglich sein.)
    b. Berechnen Sie den Verschnitt in Prozent.
    c. Berechnen Sie die Netto-Kosten einer Platte und die Gesamtkosten.

Nutzenberechnung

13.   Goldener Schnitt

Der goldene Schnitt, im Altertum auch als „göttliche Proportion" bezeichnet, ist ein besonderes Teilungsverhältnis von zwei Teilstrecken, Zahlen oder Größen zueinander. Dieses Verhältnis beträgt 1 : 1,618 und erzeugt dadurch eine ästhetische, harmonische, ausgewogene Wirkung.

Bereits die Pythagoreer (6.Jh. v. Chr.) haben solche in der Natur vorkommenden „Wohlgefälligkeiten" erkannt und versuchten daraus Gesetzmäßigkeiten abzuleiten. In der Folgezeit spiegelten sich die gewonnenen Erkenntnisse in der Musik (Terz, Quinte, Oktave) und später in der Kunst sowie Architektur (Renaissance) wider. Der goldene Schnitt ist auch heute noch ein oft eingesetztes gestalterisches Element.

Das Verhältnis des goldenen Schnittes beruht auf einer einfachen Regel:

**Die kürzere Strecke verhält sich zur längeren
wie die längere zur ganzen ungeteilten Strecke.**

Diese Regel wird durch folgende Zahlenreihe veranschaulicht:

2 : 3 : 5 : 8 : 13 : 21 : 34 : 55 usw.

Die Teilungsverhältnisse **5 : 8** und **8 : 13** haben sich in der Praxis bewährt. (Wir arbeiten mit 5 : 8.)

Minor	:	Major	=	Major	:	Gesamtstrecke
5	:	8	=	8	:	13

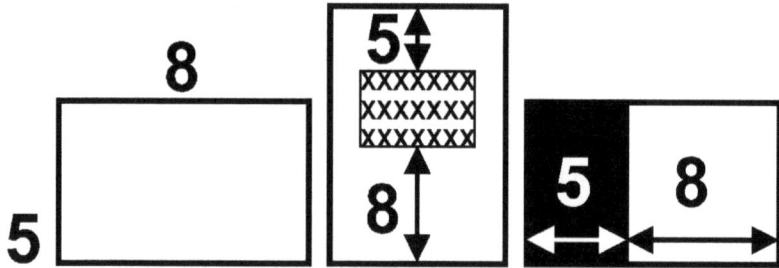

Die häufigsten Anwendungen des goldenen Schnitts

1. Die Seiten des Objektes stehen zueinander im goldenen Schnitt. (Querformat 8 : 5 und Hochformat 5 : 8)
2. Ein Bild oder Textblock wird so auf eine Unterlage gesetzt, dass die Ränder oben und unten im Verhältnis 5 : 8 stehen.
3. Eine Fläche oder eine Strecke werden so geteilt, dass die einzelnen Abschnitte im Verhältnis des goldenen Schnittes stehen.

Konstruktion des goldenen Schnittes mit Lineal und Zirkel

Die konstruktive Teilung einer Strecke im Verhältnis des goldenen Schnittes ist mit mehreren Methoden möglich. Das nachfolgend beschriebene Verfahren mit der inneren Teilung ist wegen seiner Einfachheit eines der beliebtesten.

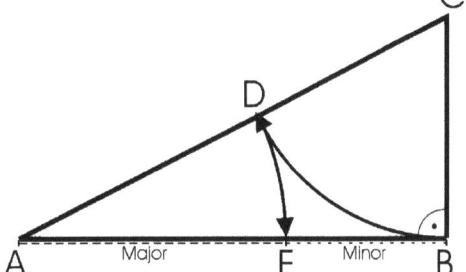

1. Zunächst errichte ich im Punkt B der Strecke AB eine Senkrechte mit der halben Länge von AB. Es entsteht der Hilfspunkt C.

2. Um den Punkt C schlage ich einen Kreisbogen mit dem Radius BC.

3. Ich verbinde nun die Punkte A und C und erhalte dadurch einen Schnittpunkt D mit dem Kreisbogen.

4. Abschließend schlage ich um A einen Kreisbogen mit dem Radius AD, der die Strecke AB im Punkt E schneidet. Die konstruierten Teilstrecken AE und EB entsprechen dem Verhältnis des goldenen Schnittes.

Rechnerische Lösung

Beispielaufgabe 1:

Eine 2,21 m lange Holzleiste ist so in 2 Teile zu zersägen, dass diese dem Verhältnis des goldenen Schnittes entsprechen.

Lösung:

2,21 m : (8 + 5) = 0,17 m/Teil; Minor: 0,17 m • 5 Teile = $\underline{\underline{0,85\,m}}$

Major: 0,17 m • 8 Teile = $\underline{\underline{1,36\,m}}$

Beispielaufgabe 2:

Eine rechteckige Wanddekoration wird in einer Breite von 120 cm benötigt.
Wie viel cm hat sie nach dem goldenen Schnitt hoch zu sein, wenn sie a) im Hochformat und b) im Querformat angebracht werden soll?

Lösung: a):   5 : 8 = 120 : x   b):   8 : 5 = 120 : x
                      5x = 960   8x = 600
                      x = 192 cm   x = 75 cm

Übungsaufgaben:

1. Teilen Sie folgende Strecken nach dem goldenen Schnitt.
    a) 1,56 m;   b) 2,73 m;   c) 6,96 m

2. Bei einem anzufertigenden Schaufensterelement im Querformat sollen die Seiten im Verhältnis des goldenen Schnittes zueinander stehen.
    Wie hoch muss dieses Teil werden, wenn für die Breite 2,20 m vorgesehen sind?

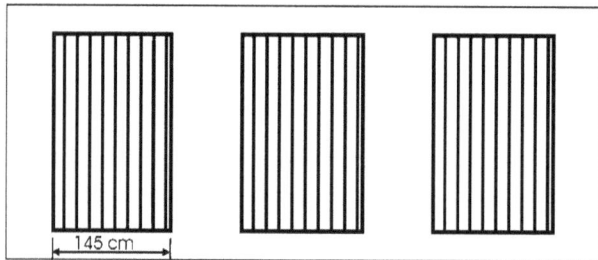

3. An der Rückwand einer Eventbühne sollen 3 gleichgroße rechteckige Dekorationselemente im Hochformat angebracht werden. Jedes Element hat eine Breite von 145 cm.
    Wie hoch müssen die Dekorationselemente sein, damit sie den Maßverhältnissen des goldenen Schnittes entsprechen?

4. Die Rückwand eines Verkaufsstandes soll zweifarbig gestrichen werden, wobei die beiden Farbflächen dem Verhältnis des goldenen Schnittes entsprechen. Die Rückwand ist 3,38 m hoch.
    Wie hoch werden die beiden Farbflächen?

Goldener Schnitt

5. Ein PVC-Belag soll durch ein farbiges Zwischenfries belebt werden. Außen- und Zwischenfries sollen den Proportionen des goldenen Schnittes entsprechen.
   a) Wie breit wird der Außenfries (Major), wenn für den Zwischenfries 15 cm vorgesehen sind?
   b) Wie breit wird der Zwischenfries (Minor), wenn der Außenfries 32 cm breit ist?

6. Die Rückwand eines 5,25 m breiten Schaufensters soll durch ein andersfarbiges Zwischenteil belebt werden. Die beiden Außenteile sind gleich breit und stehen jeweils zu dem schmaleren Zwischenstück im Verhältnis des goldenen Schnittes.
   Wie breit sind die einzelnen Teile?

7. Bei einem gerafften Vorhang sollen die beiden Schals so übereinander dekoriert werden, dass der mittlere (überdeckte) Abschnitt der Dekoration (Minor) zu dem Maß jeder der beiden äußeren Abschnitte (Major) den Proportionen des goldenen Schnittes entspricht. Die Fertigbreite der Dekoration beträgt 3,78 m.

Berechnen Sie das Maß des überdeckten Abschnittes an der Gardinenschiene und die Breite des Raffschals.

8. Für die Rückwandgestaltung eine s Ausstellungsstandes steht eine Panorama-Fototapete in der Größe 4,05 m x 2,70 m zur Verfügung. Aus ästhetischer Sicht soll diese im Goldenen-Schnitt-Format angebracht werden.
   Wie viel cm kann von der Höhe abgeschnitten werden, wenn die ganze Breite von 4,05 m genutzt werden soll? Oder reicht die Höhe der Tapete vielleicht gar nicht?

9. Displays im Format des Goldenen Schnittes sind zu fertigen, bei denen die Minorseite 60 cm betragen soll.
   Welches Format hat das Display beim Goldenen-Schnitt-Format 5 : 8?

10. Berechnen Sie den Materialbedarf in m² für den Bau eines quaderförmigen Podestes. Die Bodenfläche bleibt offen.
    Angaben zum Podest: Bei der Vorderseite soll die Höhe zur Breite im Verhältnis des goldenen Schnittes stehen (Podestbreite = Major, Podesthöhe = Minor). Podesthöhe und Podestbreite betragen zusammen 260 cm, die Podesttiefe von 80 cm!

Goldener Schnitt ⫼

14.   Reproduktionsberechnung

Fotos, Grafiken oder andere Abbildungen stehen selten in der Größe und dem Format zur Verfügung, wie sie später, z.B. bei einer Dekoration, Verwendung finden soll. Durch fotomechanisches bzw. elektronisches Bearbeitungsverfahren müssen die Vorlagen auf die gewünschte Größe reproduziert werden.

Merke:

- Bei Formatangaben wird nicht das Malzeichen verwendet, sondern das „x". (Ein A-4-Blatt z.B. hat das Format 21 cm **x** 29,7 cm.)

- Es wir **immer** zuerst die Breite genannt. (Breite x Höhe)

- Größenangaben beim Reproduzieren beziehen sich immer auf die Breite und die Höhe, nie auf die Fläche.
  (Ein Bild 5-fach vergrößern heißt, die Breite und die Höhe werden 5mal größer, nicht der Flächeninhalt)

- Breite und Höhe verändern sich beim Reproduzieren proportional, das Seitenverhältnis bleibt somit unverändert.

- Reproduktionsmaßstäbe werden angegeben als

- **Abbildungsfaktor**
  (Faktor 3 bedeutet 3-fache Vergrößerung; 0,7 bedeutet eine Verkleinerung auf $^7/_{10}$)
  Errechnet werden kann der Abbildungsfaktor, indem Repro-Breite durch Vorlagenbreite geteilt wird, bzw. Repro-Höhe durch Vorlagenhöhe.

- **Prozentualer Maßstab**
  (prozentualer Maßstab = Abbildungsfaktor x 100 %; also bei Faktor 3 heißt das, 3 x 100 % = Vergrößerung auf 300 %; Faktor 0,7 ist demzufolge eine Verkleinerung auf 70 %)

- **Abbildungsverhältnis**
  (z.B. 1 : 3 bedeutet eine Verkleinerung auf $^1/_3$; 3 : 1 ist eine Vergrößerung auf das 3-fache, also auf 300 %; vgl. dazu Abschnitt „Maßstab")

Beispielaufgabe 1:

Eine Vorlage im Format 100 mm x 70 mm ist auf das Dreifache zu vergrößern.

Zeichnerische Lösung

Dieses ist jedoch sehr aufwändig und häufig wegen der Größe nicht praktikabel.

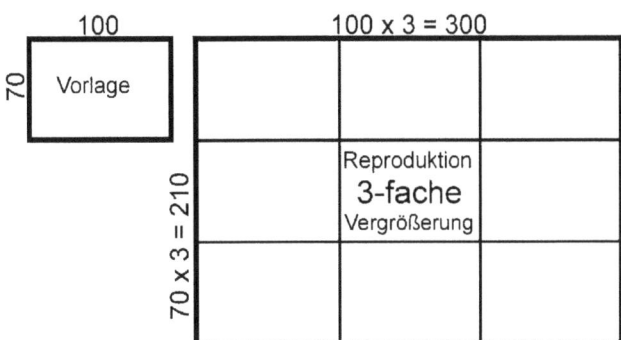

Rechnerische Lösung

Breite   100 • Faktor 3 = 300 mm   } Repro : 300 mm x 210 mm

Höhe   70 • Faktor 3 = 210 mm

Beispielaufgabe 2:

Ein Foto (210 mm x 148 mm) soll so vergrößert werden, dass die Reproduktion einen Schaufensterhintergrund (4,50 m x 2,50 m) in der Höhe ausfüllt.
Wie breit wird die Reproduktion?

Lösung: als Dreisatz: 148 mm (Höhe der Vorlage) = 2,50 m (Höhe der Repro)
                210 mm (Breite der Vorlage) = x m (Breite der Repro)

als Verhältnisgleichung: $\dfrac{\text{Breite der Vorlage}}{\text{Höhe der Vorlage}} = \dfrac{\text{Breite der Repro}}{\text{Höhe der Repro}}$

$$\dfrac{210\ \text{mm}}{148\ \text{mm}} \diagdown\kern-1em\diagup \dfrac{x\ \text{m}}{2{,}50\ \text{m}}$$

$$x = \frac{210 \bullet 2{,}5}{148} = 3{,}547... \approx 3{,}55\ \text{m}$$

Reproduktionsberechnungen

Übungsaufgaben:

1) Ein 400 mm x 280 mm großes Bild soll auf das 8,5-fache vergrößert werden. Wie groß wird die Reproduktion?

2) Welche Höhe hat die Reproduktion der Vorlage (72 cm x 51 cm) beim Maßstab 0,7?

3) Eine Vorlage im Format 16 cm x 26 cm wurde auf eine Breite von 48 cm vergrößert.
    Wie hoch ist die Vergrößerung?

4) Eine Fotografie von 18 cm x 28 cm wird auf 360 % vergrößert, auf Pappe aufgezogen und mit Folie kaschiert.
    Welche Kosten fallen an, wenn 1 m² aufziehen und kaschieren 22,40 € kostet?

„Wegfall und Ergänzen" von Bildteilen

In den meisten Fällen stimmen die Seitenverhältnisse der Vorlage und der benötigten Reproduktionsgröße nicht überein. Diese müssen deshalb einander „angepasst" werden.

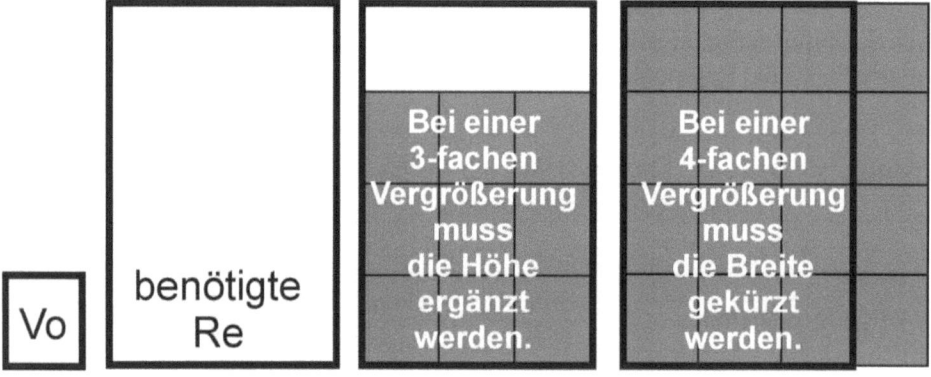

Es soll aus der (links) abgebildeten Vorlage ein Plakat im gewünschten Format gestaltet werden. Nun kann in 2 Varianten reproduziert werden: Man richtet sich nach der Breite, was eine 3-fache Vergrößerung bedeutet. Da sich auch die Höhe verdreifacht, wird nicht das gewünschte Format erreicht, es muss die Höhe ergänzt werden. Richtet man sich dagegen bei der Reproduktion gleich nach der Höhe, die vervierfacht wird, entsteht eine zu große Breite, die jedoch durch Abschneiden korrigiert werden kann.

Beispielaufgabe 2:

Eine 42 cm x 21 cm große Fotografie ist für die Gestaltung der gesamten Schaufensterrückfront zu vergrößern. Diese ist 4,90 m breit und 2,20 m hoch.

a. An welcher Seite der Reproduktion müssen wie viel Zentimeter abgeschnitten werden?

b. Da motivbedingt nichts abgeschnitten werden darf, muss an der zu kurzen Seite ergänzt werden, an welcher Seite und um wie viel Zentimeter?

Lösung:

Da die Abänderung (theoretisch) an der Breite oder an der Höhe möglich sein kann, wir wissen es ja noch nicht, sind zunächst beide Varianten zu berechnen.

Lösung mit der Verhältnisgleichung: $\dfrac{\text{Breite (Vo)}}{\text{Höhe (Vo)}} = \dfrac{\text{Breite (Re)}}{\text{Höhe (Re)}}$

Möglichkeit 1:

42 cm = 4,90 m
21 cm = x m

$\quad$ x = 2,45 m (Höhe Re)

Möglichkeit2:

42 cm = x m
21 cm = 2,20 m

$\quad$ x = 4,40 m (Breite Re)

Auswertung der Ergebnisse:

Bei der Möglichkeit 1 bekäme die Reproduktion eine Höhe von 2,45 m. Das Schaufenster ist jedoch nur 2,20 m hoch, so dass von der Höhe der Repro 25 cm abgeschnitten werden könnten. (Das wäre die Lösung der Aufgabe a,)

Bei Möglichkeit 2 hätte die Repro eine Breite von 4,40 m. Da das Schaufenster jedoch 4,90 m breit ist, fehlen 50 cm, die ergänzt werden müssten. (Lösung b)

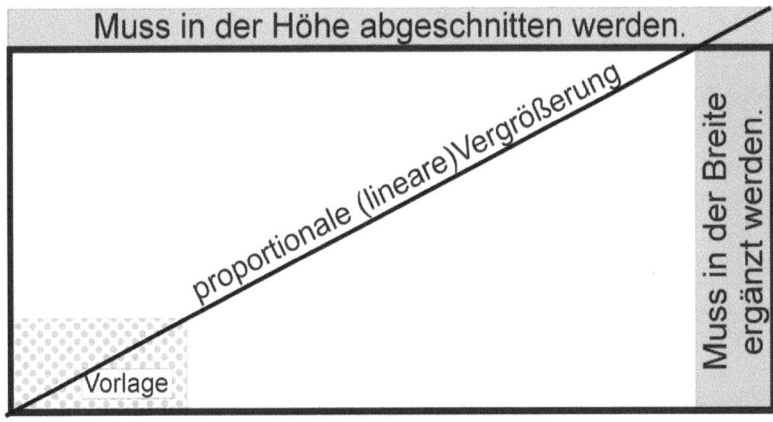

Muss in der Höhe abgeschnitten werden.

proportionale (lineare) Vergrößerung

Muss in der Breite ergänzt werden.

Vorlage

Reproduktionsberechnungen

Übungsaufgaben:

1. Eine Kleinbildaufnahme (24 mm x 36 mm) ist auf eine Höhe von 99 cm zu vergrößern.
   a. Wie viel cm misst die Breite des Bildes?
   b. Mit welchem Maßstab muss vergrößert werden?

2. Eine Vorlage, 60 mm x 90 mm, soll vergrößert und für eine Schaufenstergestaltung verwendet werden. Das anzufertigende Dekorationselement muss 1,50 m x 1,80 m sein. Ein Vergleich der beiden Formate, Vorlage und Deko-Element, lassen erkennen, dass beide in ihren Seitenverhältnissen nicht übereinstimmen. Die Vergrößerung muss also erst passend geschnitten werden.
   a. Welche Seite ist um wie viel cm zu kürzen?
   b. Wie viel cm² gehen dadurch von der Reproduktion verloren?
   c. Wie viel % des Vorlagenbildes werden somit nicht wiedergegeben?

3. Für die Gestaltung eines Standes auf der Fachmesse wird ein Bild benötigt, das 4,20 m breit und 2,19 m hoch ist. Die Vorlage, die zur Anfertigung der benötigten Reproduktion vorliegt, ist 40 cm x 27 cm groß. Da beide Formate in ihren Proportionen nicht übereinstimmen, muss nach der Vergrößerung eine Seite des Bildes beschnitten werden.
   Wie viel cm entfallen an welcher Seite?

4. Die Rückwand eines Schaufensters ist 6,00 m x 3,60 m groß. Eine Grafik im Format 90 mm x 60 mm soll so vergrößert werden, dass die Höhe des Fensters ausgefüllt wird.
   Wie viel cm ist das Schaufenster breiter als die Reproduktion?

5. Zur Anfertigung eines Dekorationselementes benötigen Sie eine Fotokopie in der Größe 1,35 m x 1,05 m. Ein Aquarell im Format 36 cm x 25 cm dient als Vorlage.
   Wie viel cm entfallen von welcher Seite der Reproduktion?

6. Nach einem Farbdia, Format 126 mm x 174 mm, sollen für eine Werbeaktion Plakate im Hochformat DIN A2 (42 cm x 59,4 cm) im Siebdruckverfahren hergestellt werden.
   Wie viel mm von welcher Seite des Dias werden nicht wiedergegeben?

15.   Flächen

Ein Gestalter für visuelles Marketing hat täglich mit geometrischen Flächen und Körpern zu tun (z.B. Wände und Böden von Schaufenstern und Messeständen, Aufsteller, Werbe- und Dekorationselemente u.a.m.). Die Berechnung von Flächen, Körpern und des Umfangs dieser Ressourcen ist unabdingbare Voraussetzung für eine optimale Material- und damit Kostenplanung, - sie ist ein wichtiger Bestandteil der Kalkulation.

15.1.   Rechteck

Die rechteckige Fläche ist in der PR eine sehr häufig verwendete Form. Prospekte, Flyer, Plakate, Werbetafeln und –wände, Räume, Gebäudefassaden und Schaufensterfronten – überall ist das Rechteck dominierend.

Merke:

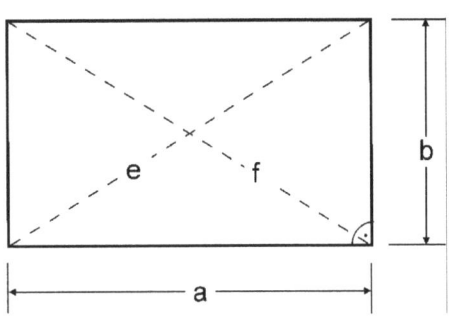

- Ein Rechteck besteht aus 4 Seiten, von denen a und b meist unterschiedlich lang sind.

- Gegenüberliegende Seiten sind gleich lang und parallel.

- Die beiden Diagonalen sind gleich lang und halbieren einander.

- Alle 4 Innenwinkel sind gleich groß. (90° = rechte Winkel)

Formeln:

Flächeninhalt:	A	$= a \bullet b$
Flächenumfang:	u	$= 2\left(a + b\right)$
Diagonale:	e	$= \sqrt{a^2 + b^2}$

Beispielaufgabe:

In der Teppichabteilung eines Kaufhauses soll ein rechteckiges Podest mit Auslegware bespannt und diese mit einer umlaufenden Messingschiene befestigt werden. Das Podest ist 6 m lang und 4,50 m breit.
Wie viel m² Teppich und wie viel m Messingschiene werden benötigt?

Lösung:

$$A = a \bullet b$$
$$A = 6 \text{ m} \bullet 4,50 \text{ m}$$
$$A = \underline{\underline{27,00 \text{ m}^2}}$$

$$u = 2 (a + b)$$
$$u = 2 (6 \text{ m} + 4,50 \text{ m})$$
$$u = \underline{\underline{21,00 \text{ m}}}$$

Übungsaufgaben:

1. Die Bodenfläche eines Schaufensters ist 4,20 m breit und 2,50 m tief.
   Wie viel m² Bodenfläche sind zu bearbeiten?

2. Ein rechteckiges Festgelände ist 114 m lang und 52 m breit und muss in Vorbereitung eines Events gemäht und mit einem Geländer eingezäunt werden.
   Wie viel m² sind zu mähen und wie lang wird das Geländer?

3. Um einen rechteckigen Messestand (8,40 m x 14,50 m) soll eine 2 m breite Wegefläche farbig gekennzeichnet werden. Für einen m² Wegefläche werden 0,35 Liter Farbe benötigt
   Wie viel Liter sind bereitzustellen?

4. Für eine werbliche Nutzung steht die abgebildete Informationstafel zur Verfügung.
   Wie viel m² Fläche können bei einer beidseitigen Gestaltung genutzt werden, wenn das Maß 4,70 m x 2,50 m ist?

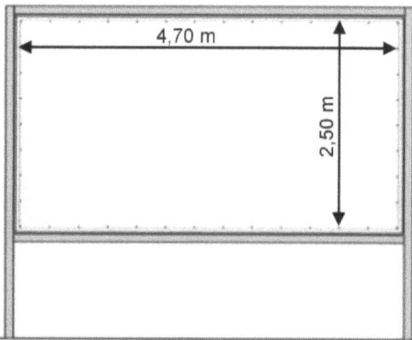

5. Eine rechteckige Wand mit den Maßen 8,40 m x 2,80 m soll tapeziert werden.
   Wie groß ist die zu bearbeitende Fläche, wenn eine Tür (1,10 m x 2,45 m) abgezogen werden kann?

6. Die beiden Seitenwände und die Rückwand eines Schaufensters sollen mit Vliesfasertapete tapeziert und anschließend gespachtelt werden. Das Schaufenster ist 5,80 m breit, 2,60 m tief und 3,00 m hoch.
Berechnen Sie den Rechnungsbetrag in € für den Bedarf an Vliesfasertapete, wenn eine Rolle 25,80 € kostet! Das Rollenmaß ist 20 m x 0,75 m.

7. 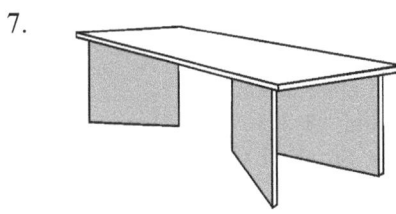 Für einen Konferenztisch (L x B: 5,60 m x 1,60 m) ist eine Decke zu nähen, die auf allen Seiten des Tisches 20 cm herunterhängen und am Rand mit einer Borte eingefasst werden soll.
Berechnen Sie den Bedarf an Stoff (m²) und an Borte (m)!

8. Ein rechteckiger Messestand (5,25 m lang und 4,85 m breit) soll einen Bodenbelag erhalten.
Wie viel m² Bodenbelag und wie viel lfd. m Sockelleisten werden benötigt?

9. Für eine Außenwerbung müssen 3 Hängeschilder in der Größe 3,75 m x 2,52 m angefertigt werden. Hergestellt werden sie aus MDF-Platten, die einen Rahmen aus Leisten erhalten.
Wie viel m² MDF-Platten und wie viel lfd. m Leiste werden gebraucht, wenn bei den Leisten wegen der Gehrungen mit einem Verschnitt von 5 % kalkuliert wird?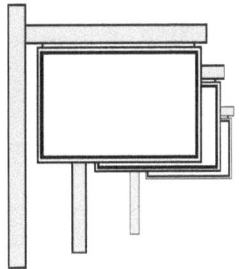

10. In einem rechteckigen Raum werden 22,26 m² Bodenbelag verlegt. Der Raum hat eine Länge von 5,30 m.
Wie viel lfd. m Sockelleisten werden benötigt, wenn eine Tür von 1,10 m ausgespart werden kann?

11. 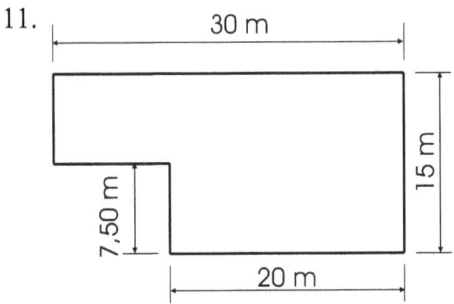 Der Mietpreis für den Standplatz auf einer Messe beträgt 124,- €/m².
Was kostet eine Firma nebenstehend abgebildete Standfläche?
(Zerlegen Sie die Figur so, dass Sie „berechenbare" Rechtecke erhalten.)

Geometrische Flächen

12. Ein Kunstdruck im Format 300 mm x 250 mm dient als Vorlage für die Gestaltung eines Schaufensterhintergrundes. Dazu wird dieser auf eine Größe von 4,20 m x 3,50 m reproduziert.
Um das Wievielfache vergrößert sich der Flächeninhalt des Kunstdruckes?

13. Anlässlich eines Firmenjubiläums sollen an der Straße vor dem Gebäude 3 Fahnenbanner aufgestellt werden. Sie erhalten den Auftrag zur Anfertigung dieser Fahnenbanner. Jede Fahne hat eine Fläche von 8,25 m² und ist 1,50 m breit. Beim Nähen der Fahnen müssen diese an allen vier Seiten umkettelt werden.
Wie viel m Kettelnaht sind insgesamt zu nähen?

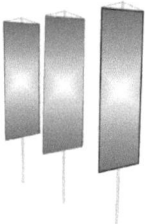

14. Ein 28 m langer und 1,50 m hoher Bauzaun ist zu Werbezwecken bemalt und beschriftet worden. Damit diese Gestaltung wetterfest wird, ist sie mehrmals mit entsprechendem Lack zu überstreichen. Es ist noch Farbe für ca. 150 m² vorhanden.
Wie oft kann der Bauzaun gestrichen werden?

15.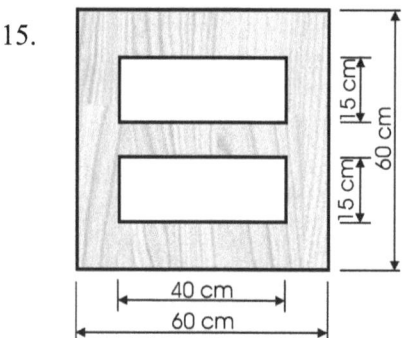

Aus einer Holzplatte (60 x 60 cm) werden 2 Rechtecke (je 15 x 40 cm) ausgesägt.
Wie viel cm² Holz sind übrig geblieben?

16. Ein Quadratmeter Tischlerplatte (3-fach, Stabmittellage, 22 mm stark) kosten beim Holzgroßhandel 18,70 €. Es wurden 25 Platten, Breite 125 cm, Länge 250 cm gekauft.
Wie viel EUR sind zu überweisen, wenn der Rabattabzug 12 %, die Mehrwertsteuer 19 % und der Skontoabzug 2,5 % beträgt?

17. Um das Podest eines Messestandes mit der Fläche 3,50 m x 5,00 m wird rundherum im Abstand von 2 m ein Seil zur Absperrung gestellt.
Wie lang ist das Absperrseil?

Geometrische Flächen

18. Für die Instandsetzung und Überarbeitung von 25 Werbeaufstellern ist die benötigte UV-stabile Antireflex Schutzfolie zu bestellen. Die Werbefläche einer jeden Seite misst 58 cm x 83 cm.
Wie viel m² dieser Folie sind erforderlich?

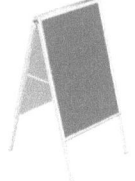

19. 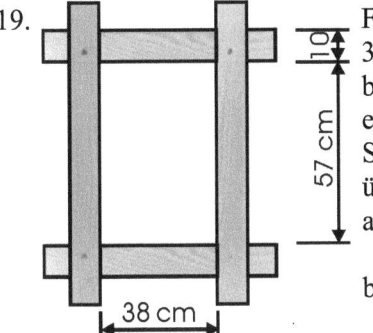 Für das Aufhängen von 3 Plakaten in der Größe 38 cm x 57 cm werden Holzrahmen aus 10 cm breiten Leisten gefertigt, die aus Tischlerplatten erst noch zugesägt werden müssen. Die einzelnen Seiten des Rahmens stehen an jedem Ende 10 cm über. (Siehe Abbildung!)

a) Wie viel m² Holz werden für diese Rahmen verarbeitet?

b) Tischlerplatten (13 mm dick) kosten 20,70 €/m². Wie teuer ist das Material für die 3 Rahmen?

20. Im Materiallager der Marketingabteilung sind 9 Regale mit der Grundfläche 4,80 m x 2,50 m so angeordnet, dass jedes Regal gerade noch mit einem 1,10 m breiten Raum zum Begehen umgeben ist.
Wie viel m² Wegfläche stehen in diesem Lagerraum noch zur Verfügung?

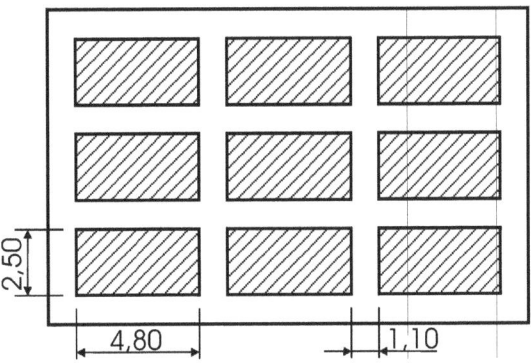

21. Ein Festplatz für eine Freiluftveranstaltung muss aus Sicherheitsgründen mit Absperrschildern umstellt werden. Lediglich ein 6 m breiter Durchgang bleibt frei.
Wie viel Begrenzungsschilder werden gebraucht, wenn der Festplatz 84 m x 57 m groß ist und die Absperrteile eine Breite von 3 m haben?

Geometrische Flächen

15.2.   Quadrat

Das Quadrat ist ein regelmäßiges Viereck und stellt eine Sonderform des Rechteckes dar.

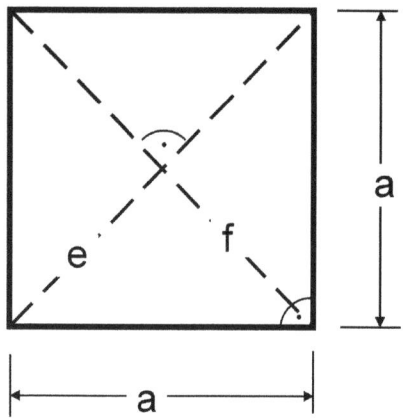

Merke:

- Ein Quadrat besteht aus 4 Seiten, die alle gleich lang sind.

- Die beiden Diagonalen sind gleich lang, halbieren einander und stehen senkrecht aufeinander.

- Alle 4 Innenwinkel sind gleich groß. (90° = rechte Winkel)

Formeln:

Flächeninhalt:	$A = a \bullet a$	oder	$A = a^2$
Flächenumfang:	$u = 4 \bullet a$		
Diagonale:	$e = \sqrt{2} \bullet a$		

Beispielaufgabe:

Ein Hocker mit quadratischer Sitzfläche soll neu bezogen werden. Die Seitenlänge des Hockers ist 43 cm. Um die Sitzfläche soll eine Möbelkordel genäht werden. Wie viel m² Bezugsstoff werden gebraucht, wenn auf allen Seiten 1 cm Nahtzugabe hinzugerechnet wird?
Wie viel m Kordel sind erforderlich?

Lösung:

$$A = a \cdot a \text{ oder } A = a^2 \qquad u = 4 \cdot a$$

$$A = 0,45 \text{ m} \cdot 0,45 \qquad\qquad u = 4 \cdot 0,43 \text{ m}$$

$$A = \underline{\underline{0,2025 \text{ m}^2}} \qquad\qquad\quad u = \underline{\underline{1,72 \text{ m}}}$$

Übungsaufgaben:

1. Die Bodenfläche eines Schaufensters wird mit quadratischen Platten ausgelegt.
   Wie viel m² Bodenfläche können mit 120 Platten ausgelegt werden, wenn sie eine Seitenlänge von 35 cm haben?

2. In der Kinderabteilung eines Warenhauses wird eine Spielfläche eingerichtet und mit Teppichboden ausgelegt. Die Fläche ist 5,20 m x 5,20 m groß.
   Wie viel m² Teppich und wie viel lfd. m Messingschienen zur Befestigung ringsherum werden benötigt?

3. Der Umfang eines quadratischen Sitzkissens ist 2,32 m.
   Wie groß (m²) ist die Sitzfläche des Kissens?

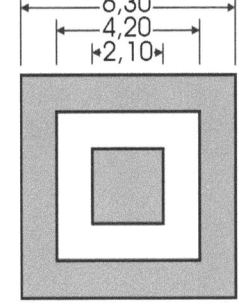

4. Ein quadratisches Messepodest hat eine Seitenlänge von 6,30 m. Es soll entsprechend der Zeichnung zweifarbig mit Teppichboden belegt werden. Die inneren Quadrate sind 4,20 m und 2,10 m breit.
   Berechnen Sie den Bedarf an hellem und dunklem Bodenbelag.

5. In einem quadratischen Raum mit der Seitenlänge von 7,45 m soll der Fußboden neu gestrichen werden.
   Wie viel kg Farbe sind erforderlich, wenn auf 1 m² 175 g aufgetragen werden?

6. Für die Gestaltung eines Kinderspielplatzes steht eine quadratische Fläche von 1.600 m² zur Verfügung. Ihr Konzept sieht vor, davon einen 3 m breiten umlaufenden Streifen als Weg anzulegen und nur die in der Mitte liegende Fläche mit Rasen und Spielgeräten auszustatten.
   Berechnen Sie die Größe der Rasen- und der Wegfläche.

7. Aus einem A0-Karton (Größe: 850 mm x 1.220 mm) sollen Quadrate mit der Seitenlänge 250 mm geschnitten werden.

a) Wie groß sind der Flächeninhalt und der Umfang eines Quadrates?
b) Wie groß sind der Flächeninhalt und der Umfang aller Quadrate?
c) Wie groß (in cm² und %) ist der Verschnitt?

8.  Hocker mit einer quadratischen Sitzfläche (Kantenlänge = 65 cm) müssen neu bezogen werden. Zur Befestigung und für die Naht ist auf allen Seiten eine Zugabe von 2 cm hinzuzurechnen. Um die Sitzfläche wird eine Kordel genäht, die zum Versäubern der Enden 2 cm länger sein muss.

a. Wie viel m² Stoff werden für die 15 Hocker benötigt?

b. Am Lager sind noch 50 m Kordel. Reicht diese für die Fertigstellung der 15 Hocker?

9. Eine 8 m x 3 m große Wandfläche soll gestrichen werden. In der Wand sind 3 quadratische Fenster mit der Kantenlänge von 2 m;

a. Wie groß ist die zu streichende Wandfläche?

b. Wie viel lfd. m Fensterrahmen sind zu überarbeiten?

10. Für 3 Fotos (je 30 cm x 30 cm), die in einem Schaufenster aufgehängt werden sollen, werden 15 cm breite Rahmen aus MDF-Platten gesägt, die dann mit Furniertapete beklebt werden.

Wie viel cm² sind mit Furniertapete zu bekleben?

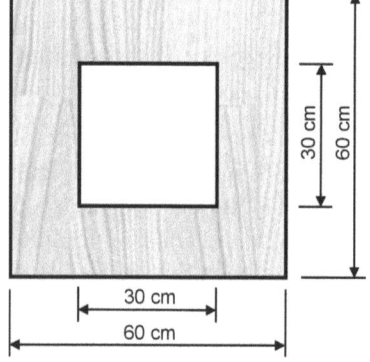

15.3.   **Parallelogramm** (Rhomboid)

Das Parallelogramm ist ein „verschobenes" Rechteck.

Merke:

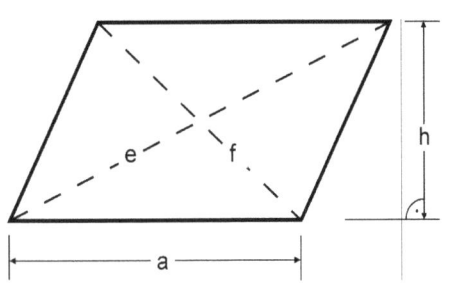

- Gegenüber liegende Seiten sind gleich lang und parallel zueinander.
- Die beiden Diagonalen halbieren einander.
- Gegenüber liegende Winkel sind gleich groß.

Formeln:

Flächeninhalt: $A = a \cdot h_a$ oder $A = b \cdot h_b$

Flächenumfang: $u = 2 \cdot (a + b)$

Beispielaufgabe:

Ein Parallelogramm weist folgende Maße auf: a = 115 cm
b =   63 cm
h =   58 cm
Wie groß sind der Flächeninhalt und der Umfang?

Lösung: $A = a \cdot h$ $u = 2 \cdot (a + b)$
$A = 115 \text{ cm} \cdot 58 \text{ cm}$ $u = 2 \cdot (115 \text{ cm} + 63 \text{ cm})$

$A = 6.670 \text{ cm}^2$ $u = 356 \text{ cm}$

Übungsaufgaben:

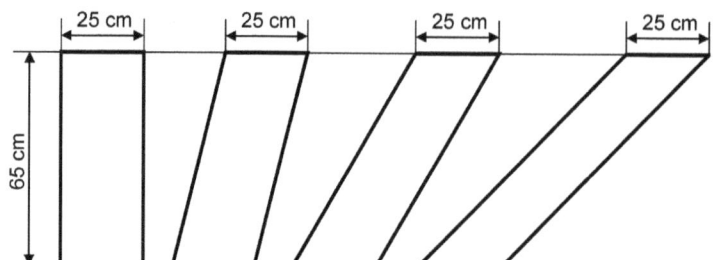

1. Berechnen Sie von den 4 Parallelogrammen den Flächeninhalt!
   Vergleichen Sie die Ergebnisse!

2. Ein Parallelogramm 16,8 cm lang und 6,5 cm hoch.
   Welchen Flächeninhalt hat dieses Parallelogramm?

3. Von einem Parallelogramm sind die Seite a = 2,80 m und der Flächeninhalt
   A = 2.35 m² bekannt.
   Berechnen Sie die Höhe des Parallelogramms.

4. An einem Treppenaufgang eines Kaufhauses befindet sich nebenstehende, dem Trep-
   penverlauf angepasste Wandfläche, die für
   Werbezwecke genutzt und deshalb gestaltet
   werden soll.
   Berechnen Sie den Inhalt dieser Fläche?

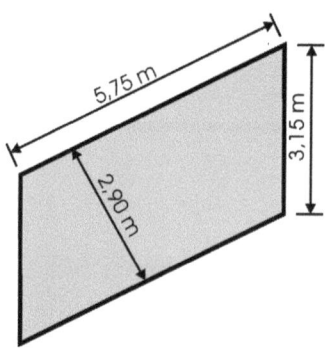

5. 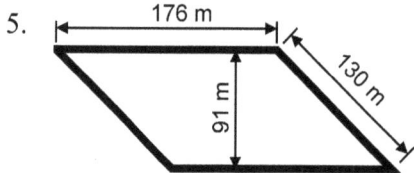 Ein Festplatz hat die Form und Maße des
   abgebildeten Parallelogramms.
   Wie groß ist die Fläche in ha?
   Wie lang wird eine Umzäunung, wenn ein
   Eingang von 3 m frei bleibt?

Geometrische Flächen

6. Die Seitenwände einer Fahrtreppe sind hervorragend als Werbeträger geeignet.
   Berechnen Sie, wie viel m² Werbefläche bei einer solchen Wand zur Verfügung stehen!

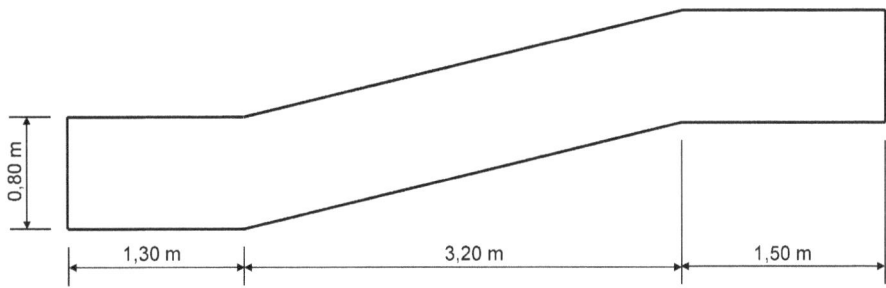

7. Eine Marketingabteilung hat die Vermarktung der Wandflächen im Treppenhaus eines öffentlichen Gebäudes für Werbezwecke übernommen. Deshalb haben Sie folgenden Werbeslogan angebracht: „Hier ist Ihre Werbefläche! Diese Fläche = 4 m² = 530,- €."
   (Die Größe des Werbebanners wurde in der Abbildung eingefügt.)
   Welchen Fehler hat die Marketingabteilung gemacht?

Geometrische Flächen

15.4.   **Rhombus** (Raute)

Der Rhombus, auch Raute genannt, ist eine Sonderform des Parallelogramms.

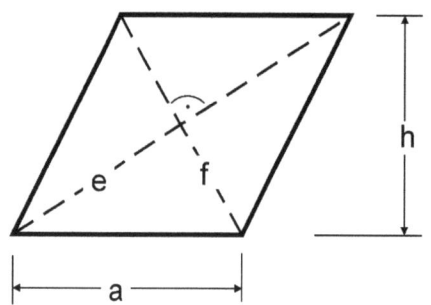

Merke:

- Ein Rhombus ist ein Parallelogramm mit 4 gleich langen Seiten.

- Die beiden Diagonalen stehen senkrecht aufeinander und halbieren sich.

- Gegenüberliegende Winkel sind gleich groß.

Formeln:

Flächeninhalt: $A = a \bullet h$ oder $A = \dfrac{e \bullet f}{2}$

Flächenumfang: $u = 4 \bullet a$

Beispielaufgabe:

Berechnen Sie von einem Rhombus mit den Maßen a = 1,04 m und h = 0,85 m den Flächeninhalt (A) und den Umfang (u) der Figur!

Lösung:

$A = a \bullet h$
$A = 1{,}04 \text{ m} \bullet 0{,}85 \text{ m}$
$A = 0{,}884 \text{ m}^2$

$u = 4 \bullet a$
$u = 4 \bullet 1{,}04 \text{ m}$
$u = 4{,}16 \text{ m}$

Übungsaufgaben:

1. Berechnen Sie den Flächeninhalt und den Flächenumfang einer Raute, bei der die Seitenlänge mit 1,70 m und die Höhe mit 1,32 m angegeben sind!

2. Um eine Raute mit der Seitenlänge a = 95,5 cm soll eine Borte angenäht werden.
   Wie viel m Borte sind erforderlich, wenn noch 2 cm zum Besäubern und Vernähen hinzu gegeben werden müssen?

3. Wie groß ist der Umfang einer Raute, die einen Flächeninhalt von 0,945 m² besitzt 90 cm hoch ist?

4. Für eine Dekoration werden 12 Elemente gebraucht, die jeweils aus einem regelmäßigen Fünfeck (Pentagon) bestehen und mit 5 dunkelfarbigen Rauten (a = 40 cm; h = 38 cm) beklebt sind.
   Wie viel m² der farbigen Klebefolie werden für die insgesamt 12 Dekorationselemente benötigt?

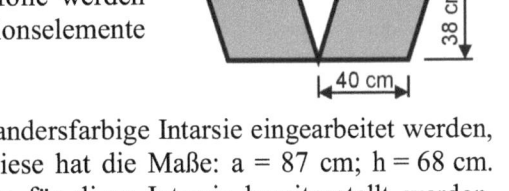

5. In einen Teppichboden soll eine andersfarbige Intarsie eingearbeitet werden, die die Form einer Raute hat. Diese hat die Maße: a = 87 cm; h = 68 cm.
   Wie viel m² Teppichboden muss für diese Intarsie bereitgestellt werden, wenn wir mit einem Verschnitt von 10 % kalkulieren?

6. Sie erhalten den Auftrag, bei 4 Kleintransportern eines Fuhrunternehmens das Firmenlogo beidseitig anzubringen und die dazu benötigte selbstklebende Plotterfolie zu kalkulieren. Das Logo stellt einen stilisierten Pfeil dar, der sich aus 4 gleichgroßen Rauten und einem Rechteck zusammensetzt.
   Eine Raute hat die Seitenlänge von 30 cm und sie ist 24 cm hoch, das Rechteck ist 96 cm x 17 cm groß.

   Wie viel € (netto) müssen für diese Folie eingeplant werden, wenn wir mit 10 % Verschnitt rechnen und der m² 4,75 € kostet?

15.5.   Trapez

Das Trapez hat eine Fläche, die von 4 Seiten eingegrenzt ist. Damit gehört es zu den Vierecken.

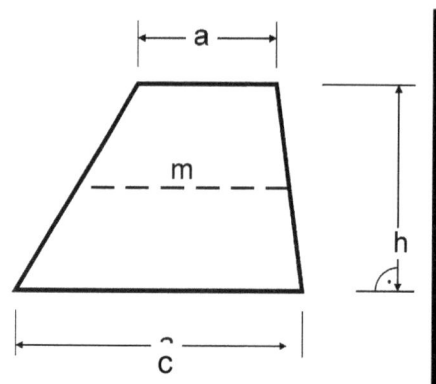

Merke:

- Das Trapez ist ein unregelmäßiges Viereck, bei dem 2 Seiten parallel zueinander verlaufen. Diese beiden Seiten werden auch als Grund- und Deckseite bezeichnet.

- Die beiden angrenzenden Linien heißen Schenkel.

- Die Höhe des Trapezes ist der Abstand zwischen den beiden parallelen Seiten.

Formeln:

Flächeninhalt:	$A = \dfrac{a + c}{2} \bullet h$ oder $A = m \bullet h$
Flächenumfang:	$u = a + b + c + d$

Beispielaufgabe:
Ein Hocker mit trapezförmiger Sitzfläche soll gepolstert und bezogen werden. Die Maße für den Stoff sind: vordere Kante 46 cm, hintere Kante 40 cm, Sitztiefe 50 cm (Die Zugaben wurden bei den angegebenen Maßen bereits berücksichtigt.)
Wie groß ist der Stoffbedarf in m²?

Geometrische Flächen

Lösung: $A = \dfrac{a + c}{2} \cdot h = \dfrac{46\,\text{cm} + 40\,\text{cm}}{2} \cdot 50\,\text{cm}$

$A = \underline{\underline{2.150\,\text{cm}^2}} = \underline{\underline{0{,}215\,\text{m}^2}}$

Übungsaufgaben:

1. Berechnen Sie die fehlenden Größen der Trapeze!

	a)	b)	c)	d)
a	6,7 cm	10 cm	4,20 m	8 dm
c	5,3 cm	6,8 cm		6 dm
h	5 cm		6,50 m	6,4 dm
A		37,5 cm²	26 m²	

2. Berechnen Sie den Flächeninhalt und den Umfang folgender Trapeze:
   a. a = 35 cm; b = 30 cm; c = 28 cm; d = 29 cm; h = 29 cm
   b. a = 9 m; b = 5,32 m; c = 3 m; d = 4,72 m; h = 4 m

3. Die Maße eines Profilholzes mit trapezförmiger Schnittfläche sind 36 cm bzw.
   18 cm die parallelen Kanten und 24 cm
   die Dicke des Holzes.
   Berechnen Sie den Flächeninhalt der
   Schnittfläche.

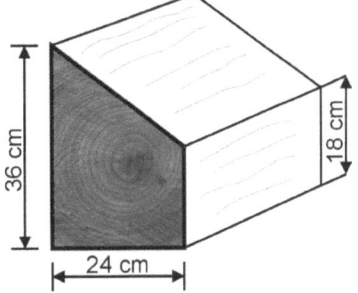

4. Für einen Tisch mit trapezförmiger Platte soll eine Tischdecke angefertigt
   werden, Die Tischdecke soll auf allen Seiten des Tisches 20 cm herunter-
   hängen. Der Rand der Decke wird mit
   einer Borte umnäht, (Die Maße des
   Tisches: lange Seite 140 cm, kurze
   Seite 70 cm; Breite 62 cm)
   Wie viel m² Stoff und wie viel Meter
   Borte werden verarbeitet?

Geometrische Flächen

5.

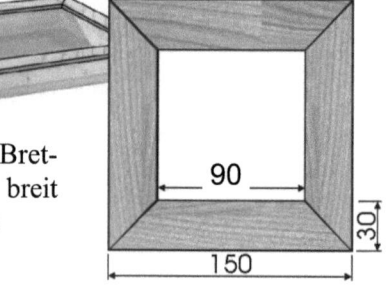

Alle 4 Sitzbretter des Sandkas-
tens auf einem Kinderspielplatz
müssen erneuert werden. Die Länge eines Bret-
tes ist 90 cm und 150 cm, breit
ist es 30 cm. Der Quadratmeterpreis beträgt
32,80 €.
Wie viel kostet das Holz?

6.

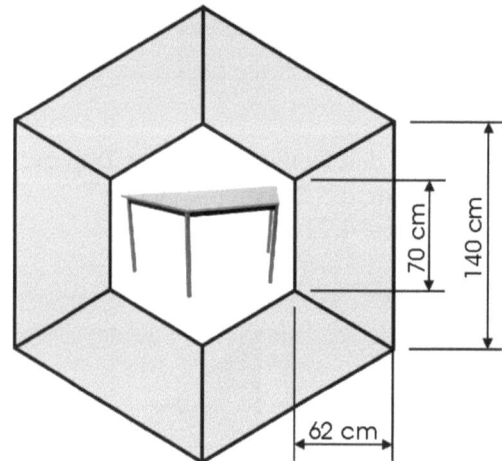

Tische in Trapezform werden
zu einem Konferenztisch zusammengestellt. Die parallelen
Tischkanten messen 140 cm
bzw. 70 cm, die Breite des
Tisches beträgt 62 cm.
Wie viel m² Tischfläche stehen
zur Verfügung?

7. Aus einer Tischlerplatte
(16 mm x 2.050 mm x 2.600 mm) können
bei günstiger Materialausnutzung 2 Stück
trapezförmiger Dekorationselemente ausgesägt werden. (Siehe Skizze!) Die Maße der
Trapeze sind: a = 1.250 mm; c = 850 mm;
h = 1.800 mm.
Berechnen Sie den Verschnitt in Prozent.

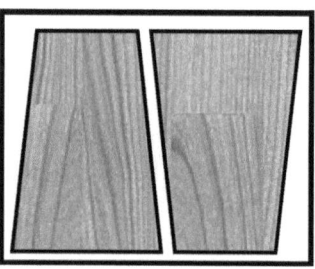

15.6. Dreieck

Dreiecke haben 3 Seiten und 3 Winkel. Die Eckpunkte werden mit großen Buchstaben, die diesen gegenüber liegenden Seiten mit den dazugehörenden kleinen Buchstaben und die Innenwinkel mit griechischen Buchstaben bezeichnet.

Merke:

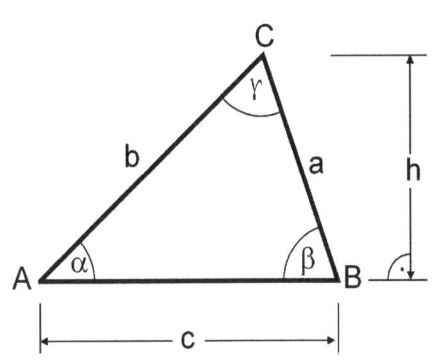

- Wir unterscheiden nach gleichseitigen, gleichschenkligen und ungleichseitigen Dreiecken sowie nach spitzwinkligen, rechtwinkligen und stumpfwinkligen Dreiecken.

- Die Höhen stehen immer senkrecht auf der Grundlinie.

- Die Summe der Innenwinkel beträgt 180°.

Formeln:

Flächeninhalt:
$$A = \frac{c \bullet h_c}{2}$$

Flächenumfang:
$$u = a + b + c$$

Beispielaufgabe:

Berechnen Sie vom abgebildeten Dreieck den Flächeninhalt und den Umfang!

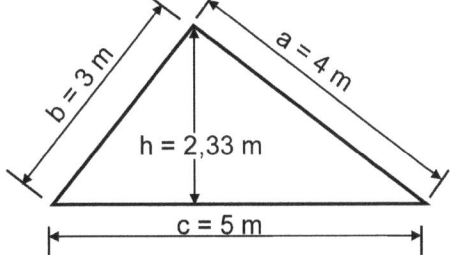

Lösung: $A = \dfrac{c \cdot h_c}{2} = \dfrac{5\,m \cdot 2{,}33\,m}{2} = 5.825 \approx 5{,}83\,m^2$

$$u = a + b + c$$
$$u = 5\,m + 4\,m + 3\,m = \underline{\underline{12\,m}}$$

Übungsaufgaben:

1. Die Maße eines Dreiecks betragen: Grundlinie (a) = 1,40 m und die Höhe auf der Grundlinie (h) = 90 cm.
   Berechnen Sie den Flächeninhalt in m²!

2. Wie groß ist der Flächeninhalt eines Dreiecks, wenn a = 22 cm und h_a = 22 cm betragen?

3. Berechnen Sie den Flächeninhalt (in m²) von einem Dreieck mit den Maßen c = 13,4 dm und h_c = 92 cm.

4. Ein Dreieck hat einen Flächeninhalt A = 18,9 cm². Die Grundlinie misst 7 cm.
   Wie ist die Höhe dieses Dreiecks?

5.  Die abgebildete Giebelwand soll für Werbezwecke gestaltet werden. Zuvor ist sie erst einmal zu streichen.
   Wie viel m² Giebelfläche sind das?

6. Ein dreieckiges Podest eines Messestandes wird mit Teppichboden belegt. Wie viel m² Teppich sind notwendig, wenn das Podest 4,80 m breit ist (Grundlinie a des Dreiecks) und 3,20 m Tiefe besitzt (Höhe auf a)?

Geometrische Flächen

7. Für eine Seriendekoration in Vorbereitung der Badesaison werden insgesamt 110 Wimpelketten zu je 30 Wimpel hergestellt. Die Wimpel haben die Form gleichschenkliger Dreiecke, sind an der Grundseite 25 cm breit und in der Höhe sind sie 42 cm.
Wie viel m² Stoff werden für diese Wimpelketten verarbeitet und wie viel m Kettelnaht sind erforderlich, wenn jeder Wimpel auf allen drei Seiten umnäht werden muss?

8. Für die Dekoration zum Weihnachtsgeschäft werden 12 gleichschenklige Dreiecke aus 16-mm-MDF-Platten (Format: 2,07 m x 2,80 m) ausgesägt und durch beidseitigen Anstrich zu stilisierten Tannenbäumen gestaltet. Die Maße der Bäume: c = 1,40 m und h_c = 1,65 m.
   a. Wie viel Platten werden für die Anfertigung der 12 Bäume benötigt?
   b. Wie viel € kosten diese Platten? (11,90 €/m²)
   c. Wie groß ist der Verschnitt (in m² und %)?
   d. Wie viel m² Fläche muss bei den 12 Tannen gestrichen werden?

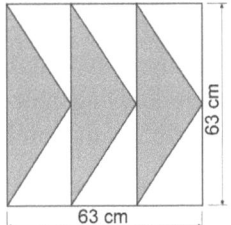

9. Berechnen Sie vom nebenstehenden Richtungssymbol (Grundplatte = 63 cm x 63 cm mit 3 Dreiecken) den Flächeninhalt der dunklen Pfeile.

63 cm

63 cm

10. Untersuchungen haben ergeben, dass von den Passanten, die sich eine Schaufensterauslage ansehen, die meisten (ca. 56 %) in den auf der Abbildung als Dreieck gekennzeichneten Bereich blicken. Es wird deshalb auch als Gestaltungsdreieck bezeichnet und ist ein wichtiges Kriterium für den Gestalter beim Anordnen der Waren innerhalb der Dekoration.
Wie viel % macht die Fläche des Gestaltungsdreiecks vom gesamten Schaufenster aus?

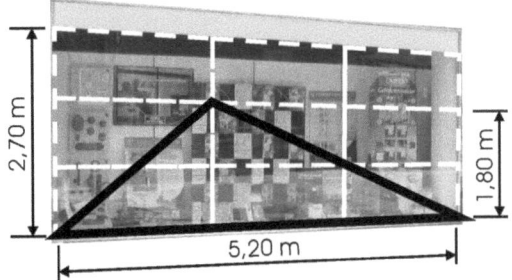

2,70 m

1,80 m

5,20 m

Geometrische Flächen

11. Im Materiallager befinden sich noch 5 dreieckige Reststücke Tischlerplatten.
Wie viel m² sind es insgesamt?

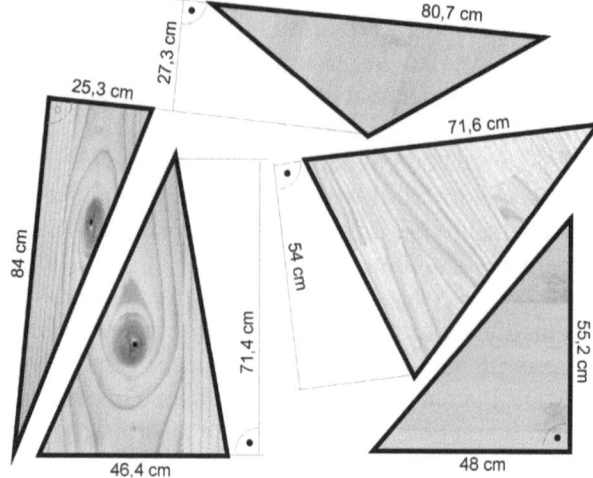

Lehrsatz des Pythagoras

Es kommt nicht selten vor, dass bei der Gestaltung eines Messestandes oder einer Ausstellung, bei Bodenbelegarbeiten oder der Anfertigung von Dekorationselementen die Diagonale gemessen bzw. berechnet werden muss. Eine solche Berechnung erfolgt mit dem **Lehrsatz des Pythagoras**.

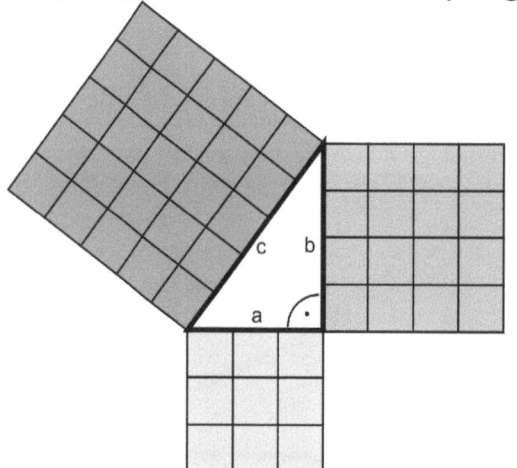

Dieser lautet:

- Bei einem rechtwinkligen Dreieck ist das Quadrat über der Hypotenuse gleich der Summe der Quadrate über den Katheten.

- Kurz: $\mathbf{a^2 + b^2 = c^2}$

Geometrische Flächen

Formeln:

Grundformel:	$a^2 + b^2 = c^2$
Daraus folgt:	$a^2 = c^2 - b^2 \Rightarrow a = \sqrt{c^2 - b^2}$
oder:	$b^2 = c^2 - a^2 \Rightarrow b = \sqrt{c^2 - a^2}$
oder:	$c^2 = a^2 + b^2 \Rightarrow c = \sqrt{a^2 + b^2}$

Beispielaufgabe:

Die Seite c (Hypotenuse) eines rechtwinkligen Dreiecks ist 12 m und die Seite b (eine Kathete) ist 7,20 m lang.
Wie lang ist die zweite Kathete, die Seite a?

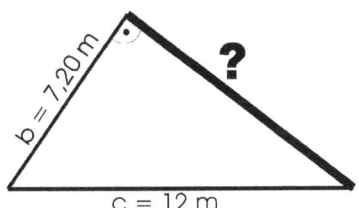

Lösung:

$a^2 = c^2 - b^2$

$$a = \sqrt{c^2 - b^2} \;=\; \sqrt{12^2 - 7,2^2} \;=\; \sqrt{92,16} \;=\; \underline{\underline{9,6\ m}}$$

Übungsaufgaben:

1. Wie groß ist die Diagonale einer rechteckigen Ausstellungsfläche mit den Maßen 8,40 m x 7,10 m?

2. Ein 3,10 m langes Podest hat eine Diagonale von 4,10 m. Wie breit ist es?

3. Aus einer Baumstamm-Scheibe mit einem Durchmesser von 78 cm soll eine größtmögliche quadratische Platte ausgesägt werden.
   a. Wie lang sind die Kanten der quadratischen Platte?
   b. Wie viel cm² beträgt die Fläche?

78 cm

Geometrische Flächen

4. Ein Firmenlogo besteht aus einem Quadrat (Kantenlänge = 60 cm) und einem kleineren, etwas gedrehten, Quadrat. (Siehe nebenstehende Skizze!)
Wir groß ist der Flächeninhalt des inneren Quadrates?

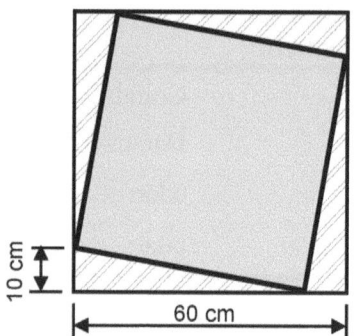

5. Sie haben den Auftrag, die Verkaufsstände für den Weihnachtsmarkt anzufertigen. Das grundsätzliche Aussehen dieser Hütten kann der Abbildung entnommen werden.
Wie lang müssen die Dachsparren sein?

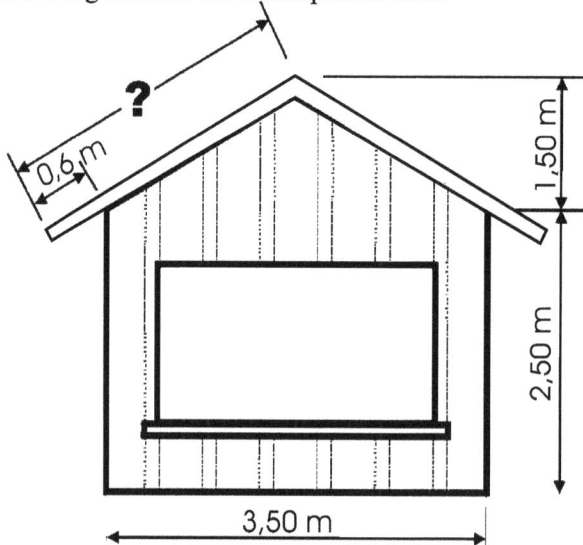

6. Ein Springrollo für ein dreieckiges Fenster hat eine Rollenbreite von 2,12 m und ist im ausgezogenen Zustand 1,75 m breit.
Wie weit kann das Rollo ausgezogen werden?

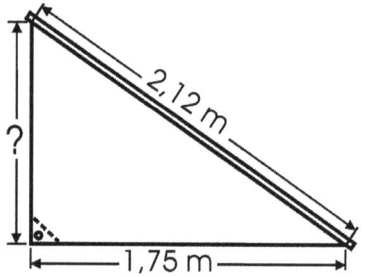

15.7. Kreis

Der Kreis ist die regelmäßigste geometrische Figur, bei der alle Punkte auf der Kreislinie (Peripherie) den gleichen Abstand zum Mittelpunkt haben.

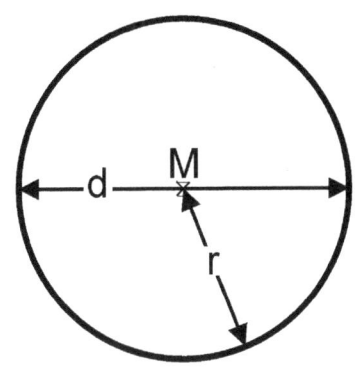

Merke:

- Der Abstand vom Mittelpunkt M zur Kreislinie ist der Radius.

- Der Abstand von einem Punkt der Kreislinie durch den Mittelpunkt M zum gegenüberliegenden Punkt der Kreislinie ist der Durchmesser.

- Die Zahl π = 3,1415926,,, ist die Schlüsselzahl für die Berechnung von Flächen und den Umfang von Kreisen.

Formeln:

Flächeninhalt: $A = \pi \bullet r^2$ oder $A = \pi \bullet \dfrac{d^2}{4}$

Flächenumfang: $u = d \bullet \pi$

Beispielaufgabe:

Ein drehender Präsentierteller für ein Schaufenster hat einen Durchmesser von 18,8 cm.
Berechnen Sie die zur Verfügung stehende Nutzfläche und den Umfang der Drehscheibe?

Geometrische Flächen

Lösung:

$$A = r^2 \cdot \pi$$
$$A = (9{,}4 \text{ cm})^2 \cdot \pi$$
$$A = 277{,}591 \text{ cm}^2$$
$$\approx 277{,}6 \text{ cm}^2$$

$$u = d \cdot \pi$$
$$u = 18{,}8 \text{ cm} \cdot \pi$$
$$u = 59{,}0619 \text{ cm}$$
$$\approx 59{,}1 \text{ cm}$$

Übungsaufgaben:

1. Berechnen Sie die fehlenden Größen der Kreise!

	a)	b)	c)	d)
d	13,2 cm			
r		2,10 m		
A			314,16 dm²	
u				635,2 cm

2. Für einen runden Tisch mit einem Durchmesser von 1,60 m soll zur Dekoration passend eine Tischdecke angefertigt werden, die ringsherum 20 cm herunterhängt. Die Außenkante der Decke wird mit einer Borte eingefasst.
Wie viel m² Stoff werden gebraucht und wie viel Borte, wenn zum Versäubern der Enden insgesamt 2 cm mehr zu berücksichtigen sind?

3. Fünf Barhocker mit einer kreisrunden Sitzfläche (Durchmesser = 32 cm) sollen bezogen werden.
Wie viel m² Bezugsstoff sind notwendig, wenn rundherum 6 cm Zugabe erforderlich sind?

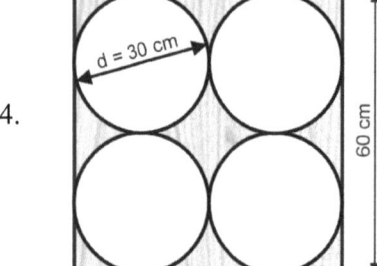

4. Aus eine Holzplatte, Maße 60 cm x 60 cm, wurden 4 Kreise mit je einem Durchmesser von 30 cm ausgesägt.
Wie viel Abfall ist entstanden (in cm² und %)?

Geometrische Flächen

5. Für die Gestaltung eines Kinder-Abenteuerspielplatzes wurden Bäume längs aufgesägt, um aus den Halbstämmen Sitzbänke und Kletterhindernisse zu bauen.
Wie groß (in cm²) ist die Schnittfläche des abgebildeten Stammes?

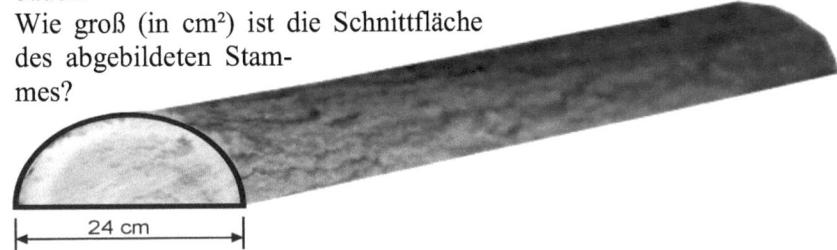

24 cm

6. Eine Gestalterin für visuelles Marketing hat als Blickfang für den Messestand eines Buchverlages die abgebildeten zwei Symbole angefertigt. Das größere hat eine Seitenlänge von 1,50 m, und beim kleineren ist die Seite 80 cm lang. Die schwarzen Halb- bzw. Viertelkreise wurden aus Klebefolie aufgebracht.
Wie viel m² Folie wurden für beide Symbole verarbeitet?

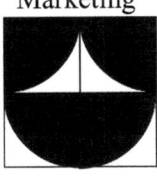

7. Als Blickfang im Eingangsbereich einer Fachmesse ist das abgebildete Logo anzubringen. Es besteht aus einem blauen gleichseitigen Dreieck mit einer Seitenlänge von 2 m und einem weißen Innenkreis mit dem Radius 57,7 cm.
Wie groß (cm²) sind insgesamt die blau zu gestaltenden Flächen?

8. Ein Verkaufsraum mit rechteckiger Grundfläche (12,85 m x 15,80 m) soll mit Fußbodenfarbe gestrichen werden. Im Raum stehen zwei 75 cm dicke Säulen.
Wie viel m² Fußboden sind zu streichen?

15.8.   Kreisring, -abschnitt, -ausschnitt

Kreisring:

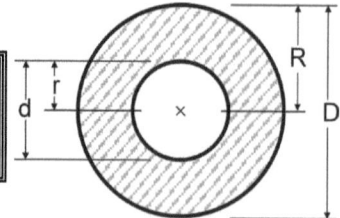

Flächenumfang:	u	$= (D + d) \cdot \pi$
Flächeninhalt:	A	$= (R^2 - r^2) \cdot \pi$

Kreisabschnitt:

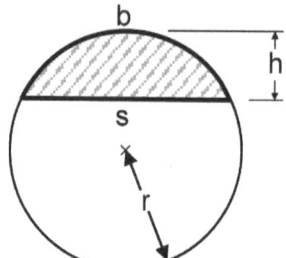

Flächenumfang:	u	$= s + b$
Flächeninhalt:	A	$\approx s \cdot \dfrac{2}{3} \cdot h$

Kreisausschnitt:

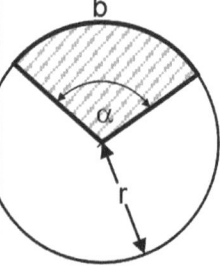

Flächenumfang:	u	$= 2 \cdot r + b$
Flächeninhalt:	A	$= \dfrac{b \cdot r}{2} \quad \text{oder} \quad \dfrac{r^2 \cdot \pi \cdot \alpha}{360°}$
Bogen:	b	$= \dfrac{d \cdot \pi \cdot \alpha}{360°}$

Übungsaufgaben:

1.   Bei einem Dekorationselement aus Holz (Kreis-
ring) hat der äußere Kreis einen Durchmesser von
60 cm und der innere 30 cm.
Berechnen Sie den Flächeninhalt des Kreisrings.

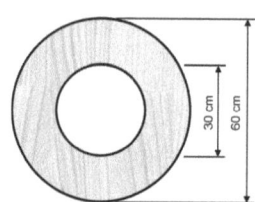

2. Ein Kreisausschnitt hat einen Mittelpunktswinkel von 24° und eine Bogenlänge von 188 mm.
Berechnen Sie den Flächeninhalt und den Umfang des Kreisausschnitts.

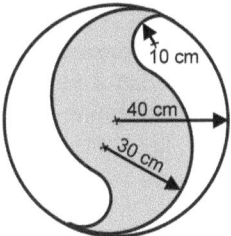

3. Von einem Gestalter für visuelles Marketing wurde das abgebildete Signet entworfen.
Berechnen Sie den Flächeninhalt des Kreises sowie die einzelnen Anteile (in cm²) der dunklen und der hellen Flächen. (Die Radien sind 10 cm, 30 cm, 40 cm.)

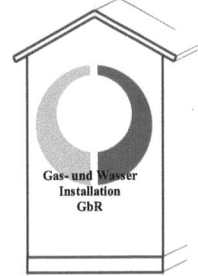

4. Die Gas- und Wasser-Installation GbR lässt die Giebelfront ihres Betriebsgebäudes mit dem Firmenlogo gestalten. Der Durchmesser des äußeren Kreises misst 5,10 m, der innere Kreis 2,80 m und die „Lücke" zwischen dem gelben und dem blauen Halbkreis ist 0,50 m breit.
Wie viel kg von jeder Farbe wird verbraucht, wenn für einen m² 240 g benötigt werden?

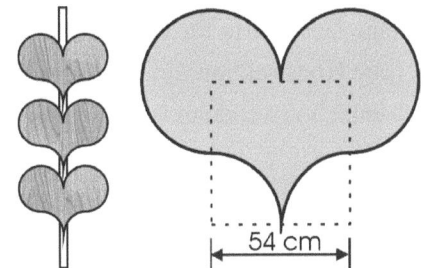

5. Für eine Dekoration wird die abgebildete „Herzen-Reihe" benötigt. Ausgeschnitten werden sie aus Kapaline-Platten.
Wie viel m² Kapaline werden für diese 3 Herzen verbraucht?

54 cm

6. In der Empfangshalle eines Reisebüros wurde eine Wand gestaltet. (Siehe Abbildung!) Dabei wurden die Sonne und die Sonnenstrahlen aus Goldfolie angefertigt. Ein A4-Blatt (21 cm x 29,7 cm) Goldfolie kostet 2,45 €.
Wie viel Blatt Goldfolie waren erforderlich und was kostet dieses Material bei folgenden Maßen: Sonne (Kreisabschnitt): Breite der Sehne =1,20 m; Höhe der Sonne = 42 cm. Sonnenstrahlen (Kreisausschnitt): Radius = 33 cm; Zentrumswinkel α = 20°.

MEHR SONNE - MEHR URLAUB!
BEI UNSEREN PREISEN MÜSSEN SIE REISEN!

Geometrische Flächen

15.9. Ellipse

Die Ellipse ist die Darstellung eines gestreckten bzw. „zusammengedrückten" Kreises.

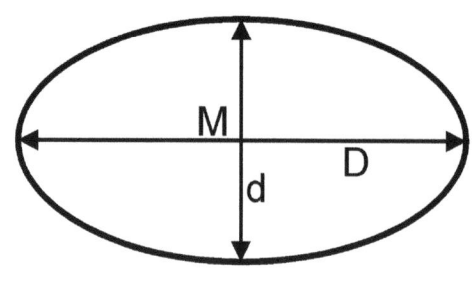

Merke:

- Eine Ellipse hat 2 verschiedene Achsen (Durchmesser), die große Achse = D und die kleine = d.

- Der große Radius wird mit R gekennzeichnet und der kleine mit r.

- Auf der großen Achse befinden sich die Punkte, die für die Konstruktion gebraucht werden.

Konstruktion einer Ellipse:

Es gibt mehrere Möglichkeiten, eine Ellipse zu konstruieren. Für einen Gestalter/eine Gestalterin für visuelles Marketing bieten sich 2 Möglichkeiten an:

1. die Konstruktion mit 2 Nadeln und Kordel, die „werkstattgerechte" Version
2. unter Verwendung von Zirkel und Lineal.

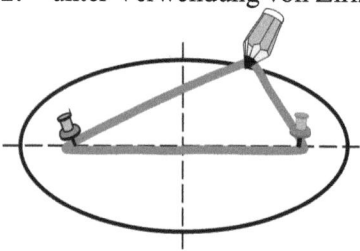

zeichnet.

Zu 1.) Diese Variante mit Nagel bzw. Stock und Schnur wird auch als die sogenannte „Gärtnerkonstruktion" bezeichnet. Es werden 2 Nadeln (Nägel, Stöcke o.ä.) im gewünschten Abstand auf der Achse D eingeschlagen. Eine verknotete Kordel wird darüber gegeben. Mit stets straffer Schnur wird dann die Ellipse ge-

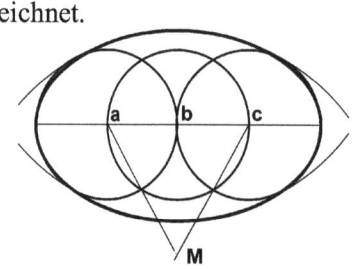

Zu 2.) Von den zahlreichen Konstruktionsbeschreibungen, die es gibt, sei diese erläutert: Gezeichnet wird der große Durchmesser D. Dieser wird in 4 gleiche Teile zerlegt, man findet die Punkte a, b und c. Mit der Zirkelspanne (Radius) a-b werden Kreise um a, b und

c geschlagen. Die gefundenen Schnittpunkte der Kreisbogen werden mit a bzw. c verbunden. In der Verlängerung dieser beiden Linien entsteht der Punkt M, der gleichzeitig der Mittelpunkt für den restlichen (noch fehlenden Teil) des Ellipsenbogens ist.

Formeln:

Flächeninhalt: $A = \left(\dfrac{D}{2} \bullet \dfrac{d}{2} \right) \bullet \pi$ oder $A = (R \bullet r) \bullet \pi$

Umfang: $u = \left(\dfrac{D}{2} + \dfrac{d}{2} \right) \bullet \pi$ oder $u = (R + r) \bullet \pi$

Beispielaufgabe:

Berechnen Sie von einem ellipsenförmigen Tisch mit dem großen Durchmesser D = 150 cm und dem kleinen Durchmesse d = 95 cm die Fläche und den Umfang der Tischplatte.

Lösung:

$$A = \left(\frac{150}{2} \bullet \frac{95}{2} \right) \bullet \pi \text{ oder } A = (75 \bullet 47,5) \bullet \pi = \underline{\underline{11.191,923 \, cm^2}} \approx \underline{\underline{1,12 \, m^2}}$$

$$u = \left(\frac{150}{2} + \frac{95}{2} \right) \bullet \pi \text{ oder } u = (75 + 47,5) \bullet \pi = \underline{\underline{384,845... \, cm}} \approx \underline{\underline{3,85 \, m}}$$

Übungsaufgaben:

1.  Für die Dekoration der Frühjahrs- und Sommerkollektion werden stilisierte Schmetterlinge aus Depafitplatten ausgeschnitten und farbig beklebt. Die Vorder- und die Hinterflügel sowie der Körper haben elliptische Form. Der Kopf ist ein Kreis. Die Maße:
   Vorderflügel: D = 60 cm; d = 40 cm
Hinterflügel: D = 45 cm; d = 30 cm; Körper: D = 40 cm; d = 15 cm;
Kopf: d = 11 cm. Angefertigt werden insgesamt 24 Schmetterlinge.
Wie viel m² Depafit wird verarbeitet?

Geometrische Flächen

2. Ihre Marketingagentur hat die Planung und Vorbereitung des Tierparkfestes übernommen. Dazu stellen Sie von verschiedenen Tieren lebensgroße Attrappen aus Holz her. Unter anderem ist das nebenstehend abgebildete Nilpferd Hippo dabei. Die Größen der einzelnen Teile sind dem Bauplan zu entnehmen.
Wie viel m² Holz sind bei dieser Attrappe enthalten?

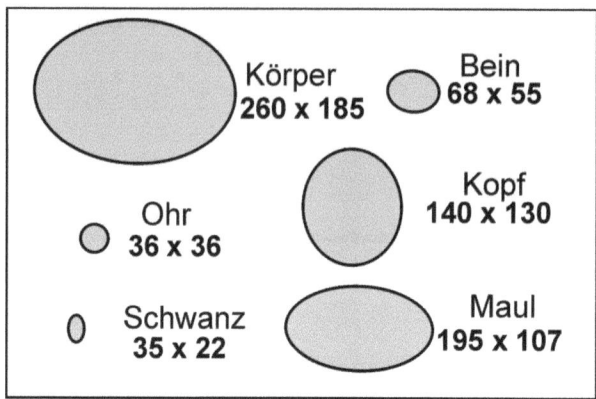

Körper
260 x 185

Bein
68 x 55

Kopf
140 x 130

Ohr
36 x 36

Schwanz
35 x 22

Maul
195 x 107

3. An einem Getreidespeicher soll das Logo des Unternehmens angebracht werden. Geplant ist von den Unternehmern, alle Teile mit Leuchtstoffröhren einfassen zu lassen.
Wie viel lfd.Meter Röhren werden das insgesamt, wenn jedes der 10 elliptischen Körner D = 2,60 m und d = 1,15 m groß ist, die beiden äußeren Grannen (Ährenborsten) je 7,75 m lang sind und die mittlere 10,75 m misst.

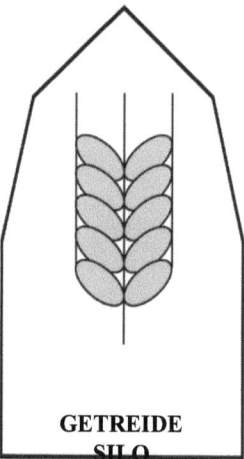

GETREIDE
SILO

Geometrische Flächen

15.10.   Regelmäßige Vielecke und zusammengesetzte Flächen

Flächen, die mehr als 4 Ecken besitzen, werden Vielecke genannt. Diese ließen sich noch einmal in regelmäßige und unregelmäßige Vielecke unterteilen. Bei den regelmäßigen sind alle Seiten und Winkel gleich groß. Anders ist es bei den unregelmäßigen Vielecken, sie setzen sich aus unterschiedlich großen Seiten und Winkeln zusammen.

Die Berechnung von Umfang (u) und Flächeninhalt (A) ist im Prinzip bei beiden Kategorien wieder gleich. Der Umfang eines Vielecks ist in jedem Fall die Summe aller Seiten, ob sie nun gleich groß oder unterschiedlich lang sind.

Die grundsätzliche Vorgehensweise bei der Ermittlung des Flächeninhalts besteht darin, dass das Vieleck in Teilfiguren zerlegt wird, die sich berechnen lassen und dann am Ende addiert werden. Ein regelmäßiges Fünfeck kann z.B. in 5 kongruente Dreiecke „zerlegt" werden. Es wird A von einem Dreieck errechnet und dann das Ergebnis mit der Anzahl der Dreiecke multipliziert. Das ist bei unregelmäßig zusammengesetzten Flächen nicht möglich, da ist jede Teilfigur einzeln zu berechnen, deren Ergebnisse dann summiert werden.

Übungsaufgaben:

1. Bei einem kreisrunden Bodenbelag (d = 3 m) soll eine andersfarbige Intarsie eingearbeitet werden. Diese hat die Form eines regelmäßigen Siebenecks (Seitenlänge = 86,8 cm; Dreieckhöhe = 90,1 cm). Die eingesetzte Fläche ist mit einer Trittleiste einzufassen.

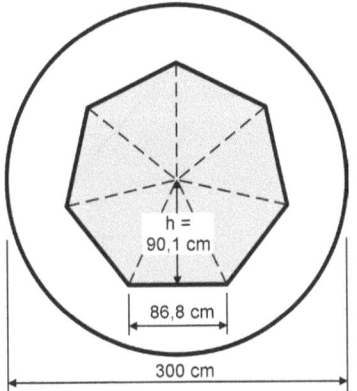

a.   Wie groß ist der Flächeninhalt der Intarsie?

b.   Wie viel m² ist die kreisrunde umlaufende Belagfläche?

c.   Wie viel m Trittleiste werden für des Einfassen der Intarsie gebraucht?

2. Als Blickfang für den Saisonschlussverkauf werden die Buchstaben SALE aus Tischlerplatten ausgesägt und an der Außenfront eines Warencenters angebracht. Die Maße der Schrift:
Buchstabenhöhe = 3,75 m; Buchstabenbreite = 2,25 m;
Balkenbreite = 75 cm.
Berechnen Sie den Flächeninhalt des Schriftzuges.

3.

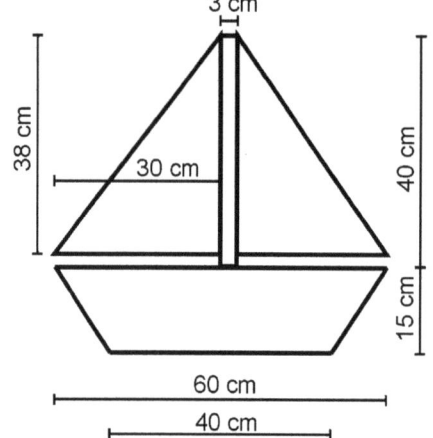

Ein Bestandteil des erarbeiteten Marketingkonzeptes für einen Yachthafen besteht in der Anbringung eines stilisierten Segelschiffes aus Edelstahl am Ausbildungsgebäude des Clubs.
Wie viel cm² Edelstahl werden bei der Anfertigung des Schiffes verarbeitet?

4. Für den Weihnachtsmarkt sind 12 Tannen entsprechend der Skizze aus 19 mm starken Tischlerplatten zu sägen. Die Tischlerplatten sind 2,05 m x 2,60 m groß und kosten pro m² 30,90 €. Aus einer Platte lassen sich 6 Bäume aussägen.

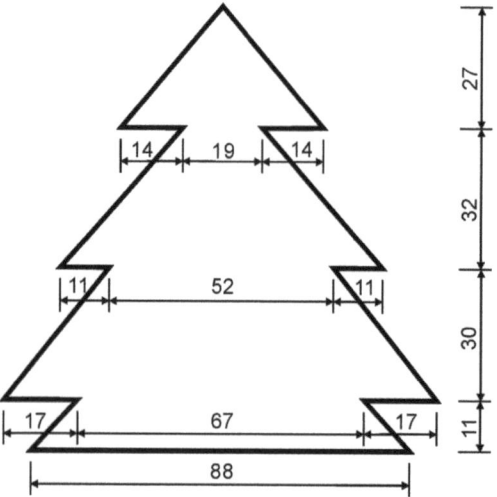

    a. Berechnen Sie die Kosten für die Tischlerplatten!

    b. Wie viel Verschnitt entsteht in m² bzw. in %?

    c. Wie viel m² Fläche ist zu streichen, wenn die Vorder- und die Rückseiten der Bäume farbig gestaltet werden?

Geometrische Flächen

5. Fassaden sind kaum zu übersehende Werbeträger. Deshalb schlagen Sie einem Unternehmen die Gestaltung der Giebelseite des Geschäftsgebäudes vor. Zunächst muss diese erst einmal einen Anstrich mit Fassadengrund und dann einen mit wasserabweisender Fassadenfarbe bekommen.

    a. Wie viel Liter Tiefengrund sind erforderlich, wenn 18 l für 100 m² gebraucht werden?

    b. Wie viel Liter der Fassadenfarbe werden benötigt, wenn laut Herstellerangaben 285 ml je m² ausreichend sind?

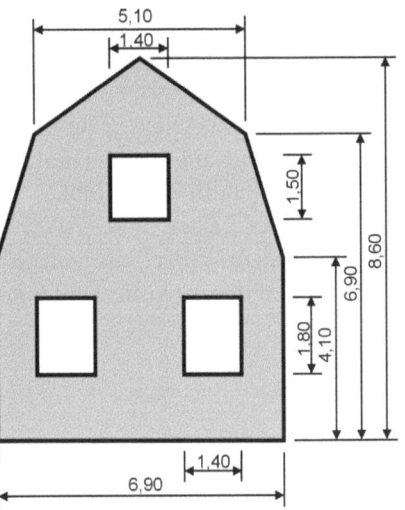

6. Für die Eröffnung der Sommer- und Schifffahrtssaison ist nachfolgendes Modell aus Tischlerplatten beidseitig zu streichen und anschließend für Werbezwecke zu beschriften. (Maßangaben in cm)
    Wie viel m² sind zu streichen?

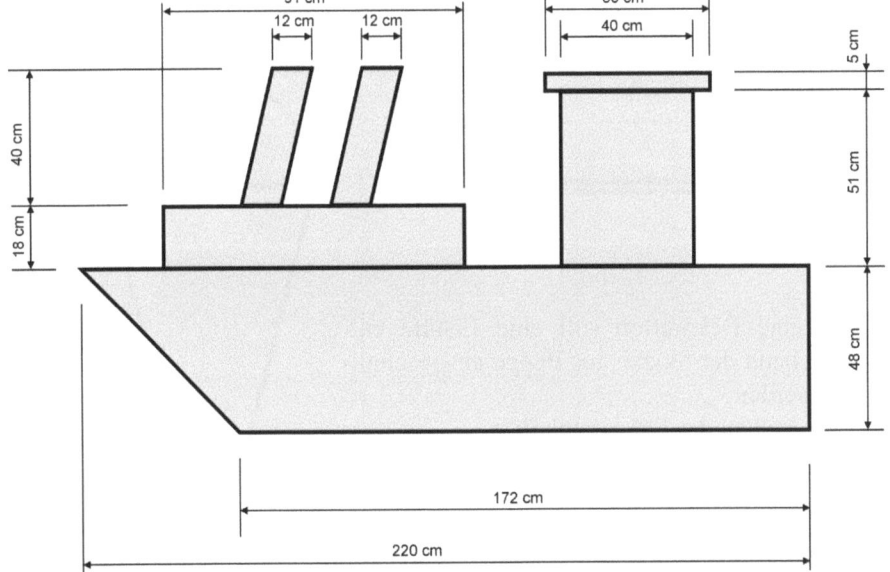

7. Für die Weihnachtsdekoration in einem Warenhaus sind 30 Sterne aus Pappe herzustellen. Diese werden anschließend auf beiden Seiten mit goldener Metallfolie beklebt.
Wie viel kostet diese Folie, wenn wir mit einem Verschnitt von 20 % rechnen und der m² Folie 1,59 € kostet?

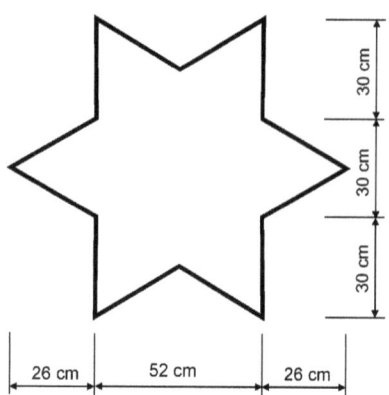

8.

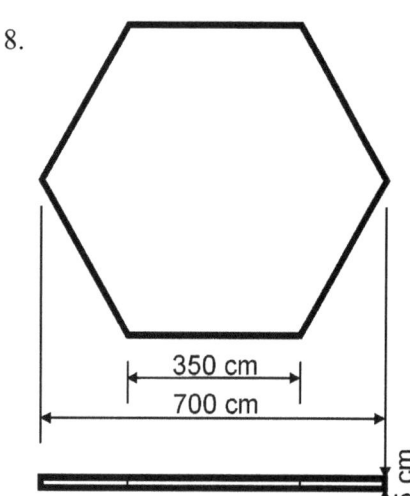

Auf einem Messestand befindet sich ein gleichseitiges sechseckiges Podest, das mit Teppichboden belegt und auch an den Seitenflächen eingefasst werden soll. (Die Maße des Podestes sind der Zeichnung zu entnehmen.)
Berechnen Sie den Verbrauch an Teppichboden ohne Verschnitt.

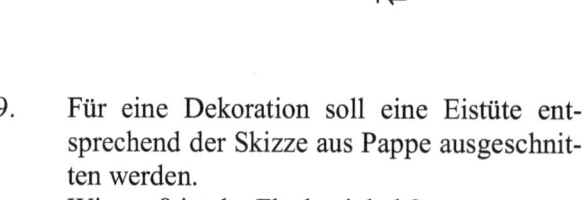

9. Für eine Dekoration soll eine Eistüte entsprechend der Skizze aus Pappe ausgeschnitten werden.
Wie groß ist der Flächeninhalt?

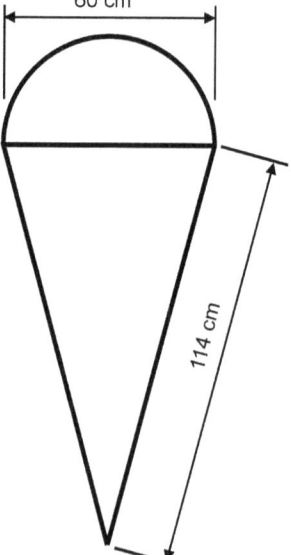

Geometrische Flächen

16.   Körper

Im vorhergehenden Abschnitt wurden geometrische Figuren berechnet, die über 2 Dimensionen verfügen, eine Länge und eine Breite. Im Folgenden kommt jetzt eine dritte Ausdehnung hinzu, das kann eine Höhe oder auch eine Tiefe sein. Somit wird aus dem Flächenhaften eine räumliche Darstellung, die wir als Körper bezeichnen.

Bei Körpern handelt es sich also um dreidimensionale geometrische Formen, die von bekannten Flächen begrenzt werden. Die uns bekannte Flächenberechnung wird also auch bei der Oberflächen- bzw. Mantelberechnung von Körpern Anwendung finden. Was neu hinzukommt, ist die Ermittlung des Rauminhaltes, des Volumens.

Der Oberflächeninhalt ist die Summe aller Begrenzungsflächen des Körpers. Die Mantelfläche, das sagt schon der Name, ist die Fläche, die den Körper „umhüllt", also ohne Grundfläche und auch (wo vorhanden) ohne Deckfläche.

16.1.   Quader

Ein Quader ist ein Körper, bei dem alle Begrenzungsflächen Rechtecke sind.

Merke:

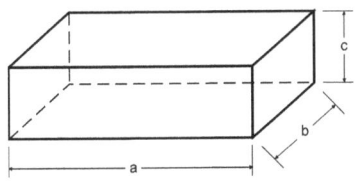

- Ein Quader hat 6 Flächen, 8 Ecken und 12 Kanten.

- Gegenüberliegende Flächen sind kongruent.

- Jeweils 4 Kanten haben die gleiche Länge und sind parallel zueinander.

- Alle Flächen- bzw. Eckenwinkel sind rechte Winkel.

Formeln:

Oberfläche:	$O = 2 \bullet (a \bullet b + a \bullet c + b \bullet c)$
Volumen:	$V = a \bullet b \bullet c$

Beispielaufgabe:

Berechnen Sie die Oberfläche, die Mantelfläche und den Rauminhalt des Quaders, der 1,40 m lang, 0,60 m breit und 0,50 m hoch ist.

Lösung:

Oberfläche:

$$O = 2 \bullet (a \bullet b + a \bullet c + b \bullet c) = 2 \bullet (1,50 \bullet 0,60 + 1,50 \bullet 0,50 + 0,60 \bullet 0,50) = \underline{\underline{3,90 \ m^2}}$$

Mantelfläche: $O = 2 \bullet (a \bullet c + b \bullet c) = 2 \bullet (1,50 \bullet 0,50 + 0,60 \bullet 0,50) = \underline{\underline{2,10 \ m^2}}$

Volumen: $V = a \bullet b \bullet c = 1,60 \bullet 0,60 \bullet 0,50 = \underline{\underline{0,49 \ m^3}}$

Übungsaufgaben:

1. Tragen Sie die fehlenden Werte ein!

	a)	b)	c)	d)	e)
Länge a	30 cm	3,5 dm	1,60 m		66 cm
Breite b	20 cm		1,10 m	120 cm	98 cm
Höhe c	15 cm	2,0 dm		5 dm	
Volumen		21,7 dm³		21 hl	
Oberfläche			7,84 m²		344,2 dm²

2. Die 6 Säulen am Eingangsportal eines Kaufhauses werden neu gestrichen. Die Grundflächen der Säulen sind 0,55 m x 2,60 m und sie sind 5,40 m hoch.
Wie viel Liter Dispersionsfarbe sind erforderlich, wenn für 1 m² Anstrich 0,36 l gebraucht werden?

---

3. Für die Gestaltung eines Abenteuerspielplatzes für Kinder soll eine Fläche von 13 m x 15 m auf eine Höhe von 35 cm mit Sand aufgefüllt werden.
    Wie oft muss ein Lkw mit einer Ladekapazität von 2,5 m³ für die erforderliche Sandmenge fahren?

4. 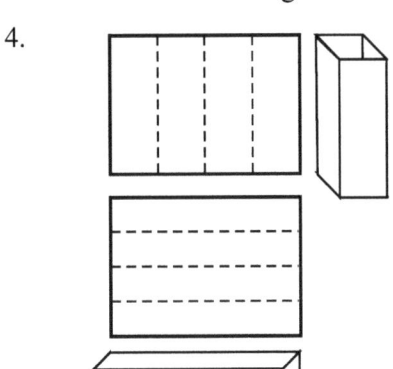 Aus einem besonders zähen Material auf Papierbasis, der sogenannten Elefantenhaut, Format 86 cm x 61 cm, soll der Mantel eines Quaders mit quadratischer Grundfläche und größtmöglichem Rauminhalt geformt werden. Da es 2 Möglichkeiten zur Falzung gibt, über die Länge bzw. über die Breite des Bogens, ermitteln Sie, welche Version zum gewünschten Ziel führt und das größere Volumen besitzt. (Siehe Skizze!)

5. Der Werkstattraum einer Marketing-GmbH ist 14 m lang, 6 m breit und 4 m hoch. Laut Arbeitsrecht soll pro Arbeitnehmer/in mit normaler körperlicher Tätigkeit ein Mindestluftraum von 15 m³ zur Verfügung stehen.
    Für wie viel Personen wäre die Werkstatt maximal zulässig?

6. Für den Bau eines Quaders aus Dekorationsstoff wird zunächst ein Kantenmodell aus Holzleisten hergestellt, das anschließend mit Stoff bespannt wird. Der Quader ist 1,60 m lang, 80 cm breit und 70 cm hoch.
    Wie viel lfd. Meter Leisten werden benötigt, wenn wir wegen des anfallenden Verschnittes 10 % mehr einplanen?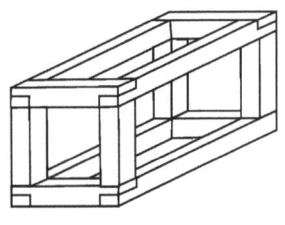

7. Für eine Ausstellung des Vereins „Schiffsmodellbau" ist ein 20 m langes und 5 m breites Vorführbecken gebaut worden, das 50 cm hoch mit Wasser gefüllt werden soll.
    Wie lange wird das Füllen dauern, wenn aus einer Zuleitung pro Minute 1,5 hl fließen?

Geometrische Körper

8. Die 6 Säulen im Lichthof einer Geschäftspassage werden mit Hartfaserplatten ummantelt, sie sollen anschließend werblich gestaltet werden. Die Säulen haben eine quadratische Grundfläche mit der Seitenlänge 0,75 m und sie sind 4,50 m hoch.

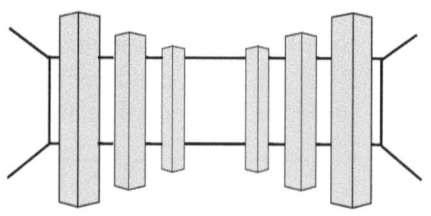

Damit die Plattenummantelungen an den Säulen befestigt werden können, wird erst noch ein Lattengerüst unterbaut. Verwendet werden dazu 18 mm starke Leisten.

Wie viel m² Hartfaserplatten sind für diese Aufgabe erforderlich?

16.2. Würfel

Der Würfel ist als regelmäßiger geometrischer Körper eine Sonderform des Quaders. Es treffen somit auch alle Merkmale des Quaders zu.

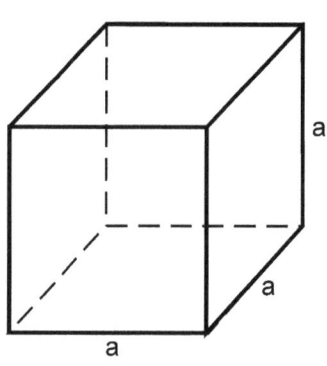

Merke:

- Ein Würfel hat 6 Seiten, 8 Ecken und 12 Kanten.

- Alle 6 Seiten sind kongruente Quadrate.

- Alle 12 Kanten sind gleich lang, 4 Kanten liegen immer parallel zueinander.

Formeln:

Oberfläche:	$O = 6 \bullet a^2$
Volumen:	$V = a \bullet a \bullet a$ oder $V = a^3$

Geometrische Körper

Beispielaufgabe:

Ein Schaumstoffwürfel, Kantenlänge 42 cm soll mit Kunstleder bezogen und als Hocker genutzt werden.
Wie viel cm³ Schaumstoff und wie viel cm² Kunstleder werden verarbeitet?

Lösung:

Kunstleder: $O = 6 \bullet a^2 = 6 \bullet 42^2 = \underline{\underline{10.584 \text{ cm}^2}}$

Schaumstoff: $V = a^3 = 42^3 = \underline{\underline{74.088 \text{ cm}^3}}$

Übungsaufgaben:

1. Zum Verschicken von Glaswaren wurden würfelförmige Kartons (Kantenlänge 40 cm) und als Füllmaterial ein 500-Liter-Sack mit Verpackungschips besorgt.
Für wie viel Kartons reicht der Sack Füllmaterial?

2. Passend zu einem 50 cm großen Würfelbecher als Blickfang auf einer Spielwarenmesse werden 3 Würfel mit einer Kantenlänge von 30 cm aus Styropor angefertigt, die dann eine Außenhülle aus farbiger Folie erhalten.
   a. Wie viel dm³ Styropor und
   b. wie viel dm² Folie werden verarbeitet?

3. Zwei gleich große Würfel aus Kiefernholz bzw. aus Styropor wiegen zusammen 4,2 kg. Kiefernholz hat eine Dichte von 0,51 g/cm³ und Styropor vom 0,015 g/cm³.
   a. Wie groß ist das Gewicht von jedem Würfel?
   b. Wie sind die Kantenlängen und das Volumen der Würfel?

4. Ein würfelförmiger, oben offener Pappkarton wird innen und außen mit Silberfolie beklebt. Es wurde dabei genau ein Bogen von 2,50 m Länge und 1 m Breite verbraucht.
Welches Volumen hat der Karton?

5. Zu einem Veranstaltungsort sind 200 Schaumstoffwürfel mit einer Kanten- länge von 55 cm als Sitzelemente zu befördern. Dafür wurde bei einem Lo- gistikunternehmen ein Lkw gemietet. Die Ladefläche dieses Fahrzeugs ist (L x B x H) 7,85 m x 2,44 m x 2,43 m groß.
Wie viel Fahrten muss der Lkw für den Transport der 200 Sitze durchfüh- ren?

6. Für eine Warenpräsentation werden 3 unterschiedlich große Würfel als Auf- bauelemente gebraucht. Hergestellt werden sie aus Sperrholz. Die Kanten- längen der Würfel sind 32 cm, 55 cm und 78 cm.
Berechnen Sie den Bedarf (in m²) an Sperrholzplatten.

7. Ein würfelförmiger Hocker wurde aus Schaumstoff RG 45 angefertigt. RG steht für Raumgewicht pro m³, was bei diesem Schaumstoff 45 kg/m³ bedeu- tet. Beim Wiegen eines Hockers wurde das Gewicht von 2,880 kg festge- stellt.
Welche Kantenlänge hat dieser Hocker?

8. Welches der abgebildeten Figuren ist ein Würfelnetz und kann zum Würfel gefaltet werden?

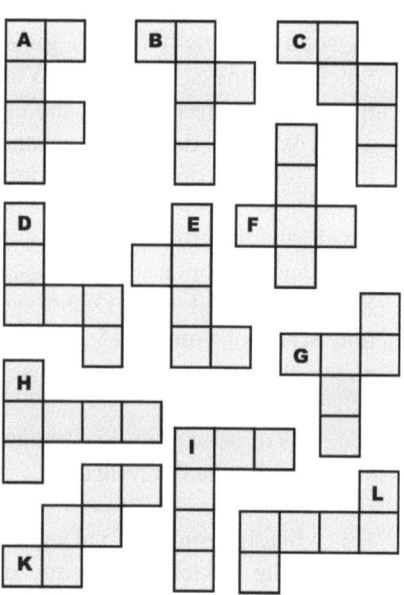

16.3.   Prisma

Ein Prisma ist ein ebenflächig begrenzter Körper. Grund- und Deckfläche sind kongruente und zueinander parallel liegende Vielecke. Die Seitenflächen sind bei einem geraden Prisma Rechtecke, und bei einem schiefen Prisma sind es Parallelogramme. Entsprechend dieser Definition gehören auch Quader und Würfel zu den Prismen. Meistens denkt man bei einem Prisma jedoch an den geometrischen Körper mit dreieckiger Grund- und Deckfläche, dem sogenannten Dreikantprisma. Grund- und Deckflächen können auch viereckig, fünfeckig usw. sein, dann sind es auch Vierkant- oder Fünfkantprismen.

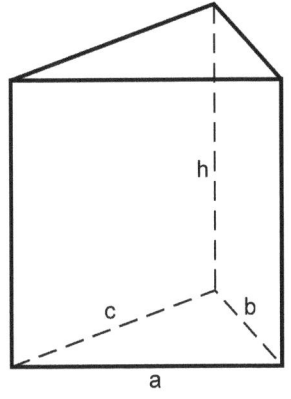

Merke:

- Die kongruenten Grund- und Deckflächen können regelmäßige und unregelmäßige Vielecke sein.

- Die Verschiedenartigkeit der Prismen ist von der Form der Grundfläche abhängig.

- Die Seitenflächen bilden in ihrer Gesamtheit den Mantel.

Formeln:

Oberfläche:	$O = 2 \cdot A + M$	(**A** ist der Flächeninhalt und
Mantelfläche:	$M = u \cdot h$	**u** ist der Umfang der Grund-
Volumen:	$V = A \cdot h$	fläche, **M** ist der Mantel.)

Beispielaufgabe:

Ein Zelt hat die Form eines liegenden Prismas. Die Vorder- und die Rückseiten (Grund- und Deckfläche beim Prisma) sind gleichschenklige Dreiecke. Das Zelt ist 3,50 m lang, 2,15 m breit und 1,40 m hoch und eine Seitenwand ist 1,77 m hoch.

a. Errechnen Sie den Rauminhalt des Zeltes.
b. Wie viel m² Stoff war für das Nähen des Zeltes (einschl. Boden) erforderlich?

1,77   3,50   1,40   2,15

Lösung:

Rauminhalt: $\qquad V = A \bullet h \qquad$ (A ist ein Dreieck.)

$$V = \frac{g \bullet h_g}{2} \bullet h = \frac{2,15 \bullet 1,40}{2} \bullet 3,50 = 5,2675 \approx \underline{\underline{5,27 \text{ m}^3}}$$

Zeltstoff: $\qquad O = 2 \bullet A + M$

$$O = 2 \bullet \frac{g \bullet h_g}{2} + u \bullet h = 2 \bullet \frac{2,15 \bullet 1,40}{2} + (1,77 + 177 + 2,15) \bullet 3,50 = \underline{\underline{22,925 \text{ m}^2}}$$

Übungsaufgaben:

1. Vervollständigen Sie die Tabelle für Dreikantprismen. Die Grundfläche ist jeweils ein gleichseitiges Dreieck.

Dreieckseite (c)	64 cm	14 dm	10 cm	
Höhe auf c (h$_c$)	55,43 cm	12,12 dm		1,04 m
Prismenhöhe (h)	90 cm		25 cm	2,50 m
Rauminhalt (V)		2.545,2 dm³	1.082,5 cm²	2,86 m²

2. Für eine Showbühne ist eine begehbare Schräge aus Holzbohlen zu bauen, Wie viel m² Holz sind erforderlich? (Aus Gründen der Stabilität werden alle 5 Seiten geschlossen.)

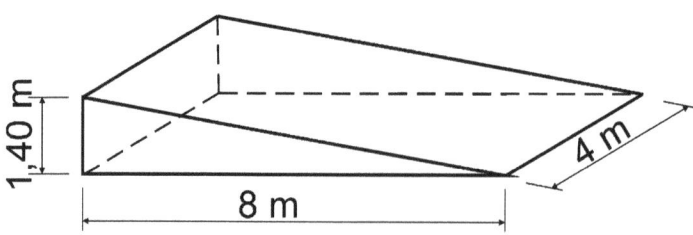

3. Nebenstehend abgebildetes Ausstellungs-
stück soll allseitig mit farbiger Metallfolie
beklebt werden.
Berechnen Sie das Volumen des Objektes.
Wie viel Folie (m²) wird gebraucht?

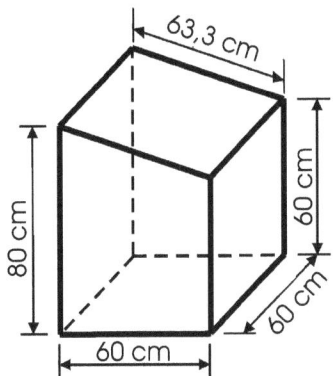

4.

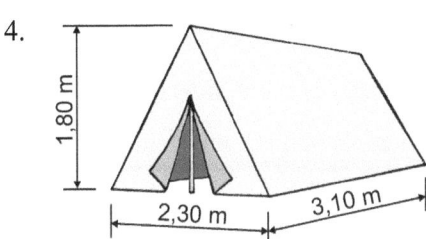

Für einen Kindergarten sind 3 Zelte aus
Polyacrylgewebe herzustellen. Ein Zelt ist
3,10 m lang, 2,30 m breit, 1,80 m hoch und
ist auch am Boden geschlossen.
Wie viel m² Polyacrylgewebe werden theoretisch gebraucht?

5. Ein Podest soll die Form eines Fünfkantprismas haben, mit einem regelmäßigen Vieleck als Grundfläche. Die Maße sind der Zeichnung zu entnehmen.
Berechnen Sie den Rauminhalt (m³) und den Materialverbrauch (m²), wenn
die Bodenfläche offenbleibt.

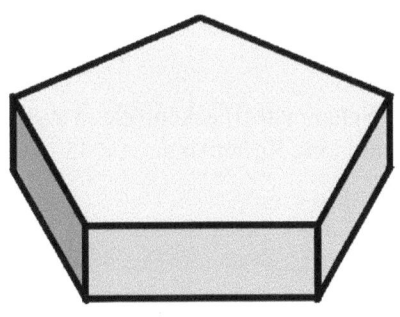

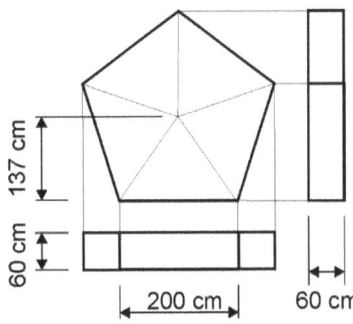

16.4. Zylinder

Der Zylinder ist ein geometrischer Körper, der die Form einer Walze hat. Grund-
und Deckflächen sind kongruente und parallel zueinander liegende Kreise, aber
auch elliptische Grundflächen sind möglich.
Zylinder begegnen uns täglich als Säulen, Konservendosen, Papierrollen u.v.m.

Merke:

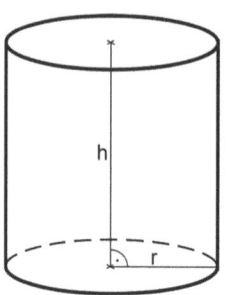

- Die Mantelfläche ist aufgerollt ein Rechteck.

- Die Höhe eines Zylinders ist der Ab-stand zwischen den beiden parallelen Ebenen.

- Durchmesser (d) = 2 Radien (r)

- Es gibt gerade und schiefe Zylinder.

Formeln:

Oberfläche:	$O = 2\pi \cdot r \cdot (r + h)$
Mantel:	$M = 2 \cdot \pi r h$
Volumen:	$V = r^2 \cdot \pi \cdot h$

Beispielaufgabe:

Berechnen Sie Volumen und Oberfläche einer Schaumstoffnackenrolle in Zylinder-
form, die einen Kreisdurchmesser von 12 cm und eine Rollenlänge von 45 cm hat.

Lösung:

Volumen: $V = r^2 \cdot \pi \cdot h = 6^2 \cdot \pi \cdot 45 = \underline{5.089,38 \text{ cm}^3}$

Oberfläche: $O = 2\pi \cdot r \cdot (r + h) = 2\pi \cdot 6 \cdot (6 + 45) = 1.922,6547 \approx \underline{\underline{1.922,65 \text{ cm}^2}}$

Übungsaufgaben:

1. Die Stützsäule in einem Verkaufsraum mit einem Durchmesser von 75 cm und einer Höhe von 3,80 m wird mit Velourstapete beklebt.
Wie viel m² Tapete sind erforderlich?

2. 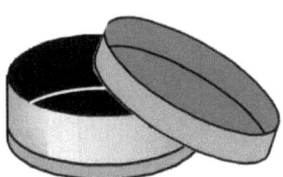 Ein aufblasbares Badebecken mit einem inneren Durchmesser von 1,70 m soll 30 cm hoch mit Wasser gefüllt werden.
Wie viel Liter sind das?

3. Für die Anfertigung von runden 50 cm hohen Sitzelementen wurden pro Stück 8.482,30 cm² Stoff für die Mantelfläche verarbeitet.
Wie groß ist der Durchmesser der kreisrunden Sitzfläche?
Wie viel dm³ ist das Volumen?
Wie schwer ist ein Sitzelement bei der Verwendung von Schaumstoff RG50 (50 kg/m³)?

4. Für das Anrühren von Tapetenkleister steht ein Plastikgefäß mit einem Durchmesser von 28 cm und 42 cm Höhe zur Verfügung.
Reicht die Füllung eines Eimers für das Verkleben von 25 normalen Tapetenrollen (≈ 5,3 m²/Rolle), wenn für 1 m² ein Verbrauch von 0,175 Litern angenommen wird?

5. Anlässlich einer Werbeaktion für neue Kosmetika wird die vergrößerte Nachbildung einer Cremeschachtel aus fester Pappe gebaut.
Wie viel m² Pappe sind für die Fertigung dieser Attrappe notwendig, wenn ihr Durchmesser 140 cm beträgt und die Höhe des Unterteils 39 cm und die Höhe des Deckels 15 cm wird?

Größe der Werbefläche:
h = 2,90 m
d = 1,40 m

6. Berechnen Sie die Größe der Werbefläche von der abgebildeten Litfaßsäule.

16.5. Pyramide

Ein Körper mit einem Vieleck als Grundfläche, der dreieckige Seitenflächen hat, die in einer Spitze zusammenlaufen, heißt Pyramide. Pyramiden haben also keine Deckflächen.

Merke:

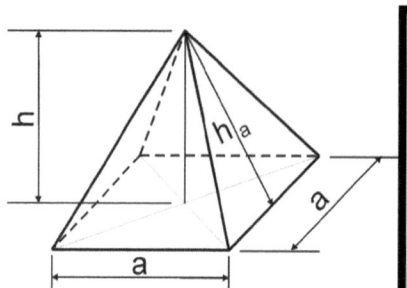

- Die Grundfläche kann beliebig viele Ecken haben.

- Eine Pyramide hat mindestens 3 Seitenflächen (Dreiecke).

- Die Höhe ist der kürzeste Abstand von der Spitze zur Grundfläche.

- Die Gesamtheit der Seitenflächen ist die Mantelfläche.

Formeln:

Oberfläche: $O = A + M$

Mantel: $M = \dfrac{u \bullet h_a}{2}$

Volumen: $V = \dfrac{1}{3} A \bullet h$

Beispielaufgabe:
Berechnen Sie das Volumen und die Mantelfläche einer Pyramide mit quadratischer Grundfläche und den Maßen: a = 45 cm; h = 75 cm und h_a = 78,3 cm.

Lösung:

Volumen: $V = \dfrac{1}{3} A \bullet h = \dfrac{1}{3} 45 \bullet 45 \bullet h = 50.625 \text{ cm}^3 = \underline{\underline{50,625 \text{ dm}^3}}$

Mantel: $M = \dfrac{u \bullet h_a}{2} = \dfrac{4 \bullet 45 \bullet 78,3}{2} = 7.047 \text{ cm}^2 \approx \underline{\underline{0,705 \text{ m}^2}}$

Übungsaufgaben:

1. Als Kundenauftrag ist ein Kinderzelt in Form einer Pyramide mit quadratischer Grundfläche anzufertigen. Die Seite des Bodens ist 120 cm breit, das Zelt soll 160 cm hoch werden, die Seitenwände sind in diesem Fall 171 cm hoch.
   Berechnen Sie den Zeltstoffverbrauch (einschließlich Bodenfläche).

2. Berechnen Sie von der abgebildeten Pyramide mit rechteckiger Grundfläche den Rauminhalt.

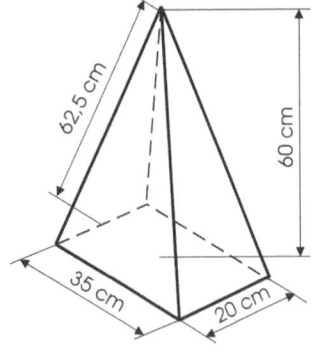

3. 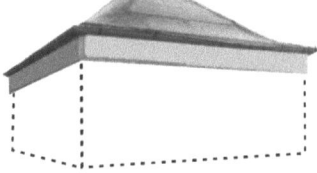 Ein Reisebüro benutzt eine aus Sperrholz hergestellte Pyramide mit quadratischer Grundfläche als Werbeträger, indem es auf den 4 Seitenflächen der Pyramide für eine Nil-Schiffsreise wirbt. (s = 2 m; h = 2 m; hs = 2,24 m)
   Wie groß ist die Fläche, die für die Werbung zur Verfügung steht?

4. Für die Gestaltung einer Freifläche werden 3 Pyramiden aus Edelstahl gefertigt. Die Grundflächen der Pyramiden sind gleichseitige Dreiecke mit einer Seitenlänge von 50 cm. Hoch werden die Modelle 85 cm, die Seitenflächen dagegen 87,7 cm.
   Wie viel m² Edelstahl wird für diese Pyramiden gebraucht? (Die Grundflächen bleiben offen.)

5. Bei einem Marktkiosk, es handelt sich um einen Pavillon mit quadratischer Grundfläche, muss das pyramidenförmige Dach repariert werden. Das Dach ist an jeder Seite 3,40 m lang, die Höhe einer Dachseite beträgt 2,55 m, das Dach selbst ist 1,90 m hoch.
   a. Wie viel m² beträgt die Dachfläche, die überarbeitet und wetterfest gemacht werden soll?
   b. Welches Volumen hat der Dachraum?

16.6. Pyramidenstumpf

Der Pyramidenstumpf ist ein Teil der Pyramide. Er entsteht, indem von einer Pyramide, parallel zur Grundfläche, eine kleine Pyramide oben abgeschnitten wird.

Merke:

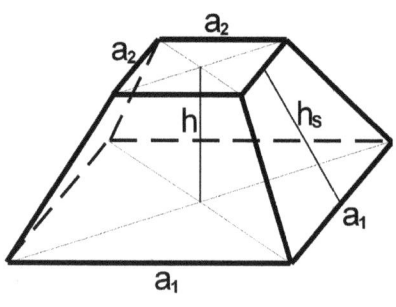

- Die beiden parallelen Flächen sind einander ähnlich, die Seiten beider Flächen haben das gleiche Verhältnis.
- Die größere der beiden parallelen Flächen ist die Grundfläche, die kleinere ist die Deckfläche.
- Der (senkrechte) Abstand zwischen den beiden parallelen Flächen ist die Höhe des Pyramidenstumpfes.

Formeln:

Oberfläche: $\qquad O = A_G + A_D + M$

Mantel: $\qquad M = \dfrac{u_1 + u_2}{2} \bullet h_S$

Volumen: $\qquad V = \dfrac{h}{3} \bullet \left(A_G + \sqrt{A_G A_D} + A_D \right)$

Beispielaufgabe:

Berechnen Sie das Volumen, den Oberflächeninhalt und die Mantelfläche des abgebildeten Pyramidenstumpfes.

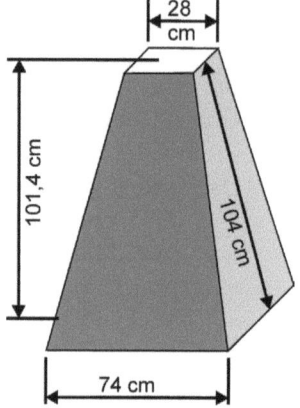

Lösung:

Volumen:

$$V = \frac{h}{3} \bullet \left(A_G + \sqrt{A_G A_D} + A_D\right) = \frac{101,4}{3} \bullet \left(74^2 + \sqrt{74^2 \bullet 28^2} + 28^2\right) \approx 0,282 \text{ m}^3$$

Man

tel:

Oberfläche: $O = A_G + A_D + M = 74^2 + 28^2 + 21216 \approx 2,748 \text{ m}^2$

Übungsaufgaben:

1. Als Auftragsarbeit eines Zauberkünstlers soll für ihn ein reparaturbedürftiges Utensil restauriert werden. Dabei handelt es sich um eine Kiste in Form eines Pyramidenstumpfes mit quadratischer Grundfläche. Diese Kiste, die 0,80 m hoch ist, deren größere Grundfläche 1,50 m breit und die kleinere Deckfläche 1,00 m breit sind und die Seitenflächen eine Höhe von 0,84 m aufweisen, soll mit Samt überzogen werden.
    Berechnen Sie den Bedarf dieses Bezugsmaterials.

2. Für den Spielplatz eines Kinderhortes ist ein Indianer-Tipi aus Polyacrylgewebe herzustellen. Die Form ist ein Pyramidenstumpf mit einer sechseckigen Grund-fläche. Die Seitenlänge des unteren Sechsecks beträgt 150 cm und eine Seite der sechseckigen Öffnung oben misst 10 cm. Das Tipi hat eine Höhe von 280 cm, die Seitenwand ist 300 cm hoch.
    Wie viel m² Polyacrylgewebe werden gebraucht, wenn der Boden und die Öffnung oben frei bleiben?

3.  Für das Aufstellen von Schaufensterfiguren und –büsten sollen Holzstandplatten gefertigt werden. Als Material verwenden wir 50 mm starke Tischlerplatten, aus denen wir Quadrate mit der Seitenlänge 40 cm aussägen. Diese Quadrate werden dann an ihren 4 Seiten so abgeschrägt, dass sie Pyramidenstümpfe wer-den. Die Kantenlänge der Grundseite bleibt also 40 cm, die Deckflächenseite verkürzt sich auf 34 cm.
    Wie viel cm³ Abfall entsteht bei der Herstellung eines jeden Standfußes?

4. Zur Präsentation von Exponaten auf einer Kunstgalerie werden 8 Aufbauelemente gebraucht. Diese sollen die Form von Pyramidenstümpfen haben, sind aus Styroporblöcken herzustellen und mit Wildleder-Imitat zu überziehen. Die Größenangaben der Körper: a1 = 53 cm; a2 = 42 cm; h = 40 cm; ha = 42 cm.

    a. Berechnen Sie das Volumen der 8 Aufbauelemente.

    b. Wie viel m² Leder werden verarbeitet, wenn die gesamte Oberfläche bezogen wird?

16.7. Kegel

Ein Kegel ist ein geometrischer Körper mit einer gekrümmten Oberfläche, der durch einen Kreis (Grundfläche) und einen Punkt, der außerhalb des Kreises liegt (Spitze des Kegels), begrenzt wird.

Merke:

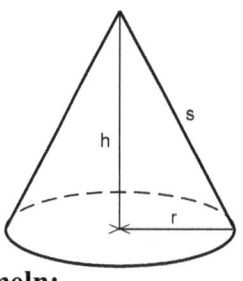

> - Geometrische Kegel haben nichts mit den 9 Spielfiguren zu tun.
> - Kegel haben keine Deckfläche, die Mantelfläche läuft in der Spitze zusammen
> - Der Abstand vom Kreis zu Spitze ist die Höhe des Kegels.

Formeln:

Oberfläche:	$O = \pi r \bullet (r + s)$
Mantel:	$M = \pi \bullet r \bullet s$
Volumen:	$V = \dfrac{\pi}{3} \bullet r^2 \bullet h$

Beispielaufgabe:

Berechnen Sie vom abgebildeten Kegel das Volumen, die Mantel- und die Oberfläche.
(d = 45 cm; h = 72 cm; s = 75,4 cm)

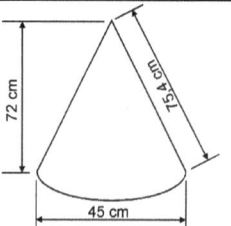

72 cm   75,4 cm   45 cm

Geometrische Körper

Lösung:

Volumen: $V = \dfrac{\pi}{3} \bullet r^2 \bullet h = \dfrac{\pi}{3} \bullet 22{,}5^2 \bullet 72 = 38.170{,}35 \text{ cm}^3 \approx \underline{\underline{0{,}038 \text{ m}^3}}$

Mantel: $M = \pi \bullet r \bullet s = \pi \bullet r \bullet s = 5.329{,}7119 \text{ cm}^2 \approx \underline{\underline{0{,}533 \text{ m}^2}}$

Oberfläche: $O = \pi r \bullet (r + s) = \pi \bullet 22{,}5 \bullet (22{,}5 + 75{,}4) = 6.920{,}143 \text{ cm}^2 \approx \underline{\underline{0{,}692 \text{ m}^2}}$

Übungsaufgaben:

1.   Als Spielgerät für das Kinderbetreuungszimmer eines Kaufhauses soll ein Kegel aus Schaumstoff geschnitten werden, der mit Stoff bezogen wird. Die Grundfläche ist 46 cm im Durchmesser, hoch ist der Kegel 65 cm.
   - a.   Wie viel cm³ Schaumstoff wird für den Kegel gebraucht?
   - b.   Wie viel m² Stoff sind bereitzustellen, wenn wegen Naht und Verschnitt 22 % mehr verbraucht werden?

2.   Aus einem DIN-A1-Kartonbogen (Rohformat; 61 cm x 86 cm) wird entsprechend der nebenstehenden Skizze die Mantelfläche eines Kegels ausgeschnitten und zur Zuckertüte für die ABC-Schützen-Dekoration geformt.

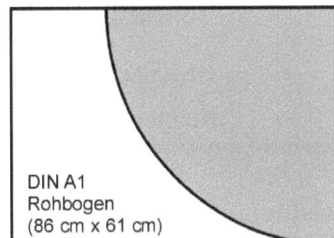

DIN A1
Rohbogen
(86 cm x 61 cm)

   - a.   Wie groß ist die Mantelfläche der Zuckertüte?
   - b.   Welches Volumen hat die Zuckertüte?

3.   Für das Aufschütten eines 2 m hohen kegelförmigen Kieshügels auf einem Abenteuerspielplatz mussten 32 m³ Kies antransportiert werden. Welchen Durchmesser und welchen Umfang hat der Hügel?

2 m

16.8. Kegelstumpf

Wenn wir vom Kegel die Spitze parallel zur Grundfläche abschneiden, bleibt ein Kegelstumpf übrig. Das abgeschnittene Stück heißt Ergänzungskegel.

Merke:

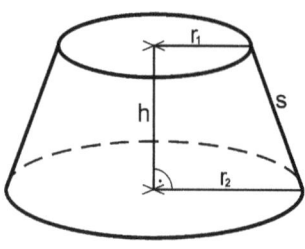

- Die beiden parallelen Kreisflächen sind unterschiedlich groß, sie haben verschiedne Durchmesser (d_1 bzw. d_2) und Radien (r_1 bzw. r_2).
- Die große Kreisfläche ist die Grundfläche, die kleine die Deckfläche.
- Der Abstand zwischen den beiden Kreisflächen ist die Höhe des Kegelstumpfes.

Formeln:

Volumen: $V = \dfrac{\pi h}{3} \bullet \left(r_1{}^2 + r_1 r_2 + r_2{}^2 \right)$

Oberfläche: $O = \pi \bullet r_1{}^2 + \pi \bullet r_2{}^2 + \pi s \bullet \left(r_1 + r_2 \right)$

Mantel: $M = \pi s \bullet \left(r_1 + r_2 \right)$

Beispielaufgabe:
Ein Pflanzkübel hat folgende Maße: Bodendurchmesser = 46 cm; oberer Durchmesser = 60 cm, Höhe des Kübels = 54 cm; Höhe des Holz (-Mantels) = 54,5 cm.
Wie viel m³ Erde passt in den Kübel?
Wie viel cm² Holz wurde bei dem Kübel verarbeitet (mit Boden)?

Lösung:

Volumen: $V = \dfrac{\pi h}{3} \bullet \left(r_1{}^2 + r_1 r_2 + r_2{}^2 \right) = \dfrac{\pi \bullet 54}{3} \bullet \left(23^2 + 23 \bullet 30 + 30^2 \right) = \underline{\underline{0{,}12 \text{ m}^3}}$

Mantel + Boden: $M = \pi s \bullet \left(r_1 + r_2 \right) = \pi \bullet 54{,}5 \bullet \left(23 + 30 \right) = 9.074{,}49 \text{ cm}^2$

$A_{\text{Kreis}} = r^2 \bullet \pi = 23^2 \bullet \pi = 1.661{,}90 \text{ cm}^2$

insgesamt: $9.074{,}49 \text{ cm}^2 + 1.661{,}90 \text{ cm}^2 = 10.736{,}39 \text{ cm}^2 \approx \underline{\underline{1{,}074 \text{ m}^2}}$

Übungsaufgaben:

1. Ein nicht mehr benötigter Kegel aus Holz mit dem Durchmesser d = 80 cm und der Höhe h = 90 cm wird in halber Höhe parallel zur Grundfläche durchgesägt. Der entstehende Kegelstumpf wird farbig gestaltet und soll als Aufbauelement (Podest zur Warenpräsentation) genutzt werden.
   Wie viel cm² des Kegelstumpfes bekommen Farbe, wenn der Mantel und die Deckfläche angestrichen werden?

2. Wandfarbe wird in Gebinden verkauft, die einen oberen Durchmesser von 21 cm, einen unteren Durchmesser von 19 cm und eine Höhe von 19 cm haben. Der Verbrauch an Farbe wird mit 125 ml/m² angegeben.
   Wie viel m² können mit dem Inhalt dieses Eimers gestrichen werden?

3. Für das Aufstellen von Grünpflanzen in einer Einkaufspassage werden 10 Blumenkübel (Größe siehe Abbildung!) angeschafft. Blumenerde wird in 25-Liter-Säcken angeboten.
   Wie viel Säcke Blumenerde werden zum Füllen der Kübel gebraucht?

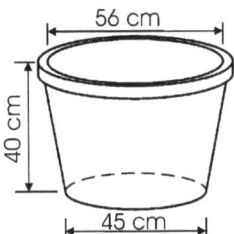

4. Als Blickfang für eine Spielwarenmesse wird ein großer Würfelbecher aus Leder hergestellt. Der Becher ist 50 cm hoch, hat einen Bodendurchmesser von 30 cm und die obere Öffnung misst 40 cm.
   Berechnen Sie den Lederbedarf in m².

5. Ein Lampenschirm in Form eines Kegelstumpfes soll neu mit Stoff ummantelt werden. Der untere Kreis hat einen Durchmesser von 56,8 cm und der obere von 32,8 cm. Die Seitenhöhe ist 38,8 cm.
   Berechnen Sie den Stoffverbrauch.

6. Zur Produktpräsentation auf einer Messe werden 5 Aufbauelemente in Form eines Kegelstumpfes benötigt. Hergestellt werden diese jeweils aus einem Styropor-Block. Anschließend werden die Kegelstümpfe allseitig mit Kunstleder überzogen. Die Aufbauelemente sollen folgende Maße haben: oberer Durchmesser = 0,45 m; unterer Durchmesser = 1,25 m; Höhe des Körpers = 1,04 m; Höhe der Seite = 1,12 m. Das Kunstleder muss erst noch bestellt werden. Es liegt 1,40 m breit und kostet 5,79 € pro Meter.
   a. Wie viel m³ Styropor beinhalten die 5 Körper?
   b. Wie viel m² Kunstleder werden verarbeitet?
   c. Wie viel kostet das Kunstleder?

7. Der Farbenhandel liefert weiße Wandfarbe in Eimern, die einen ellipsenförmigen Boden und Deckel haben. Die Maße des Bodens: der große Durchmesser = 28 cm und der kleine Durchmesser = 20 cm; der Deckel hat die Maße: großer Durchmesser = 34 cm und der kleine Durchmesser = 26 cm. Der Eimer ist 25 cm hoch und trägt den Aufdruck: „Ergiebig, 10 Liter für ca. 70 m²!"
Für wie viel m² reicht nun aber der ganze Eimer?

16.9. Kugel

Die Kugel ist der gleichmäßigste aller geometrischen Körper, bei dem alle Punkte der Oberfläche gleich weit vom Mittelpunkt entfernt sind. Die Bezeichnung Kugel wird gleichermaßen für die Oberfläche wie auch für den Körper der Kugel benutzt.

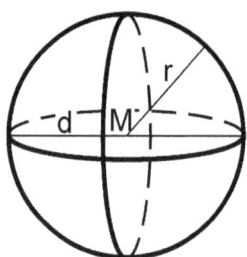

Merke:

- Die Kugel besitzt weder Kanten noch Ecken.
- Eine Kugel hat keinen Mantel.
- Jede Schnittfläche durch eine Kugel ist ein Kreis.

Formeln:

Volumen: $V = \dfrac{4}{3} \pi r^3$ oder $V = \dfrac{\pi}{6} d^3$

Oberfläche: $O = 4 \pi r^2$ oder $O = \pi d^2$

Beispielaufgabe:

Berechnen Sie das Volumen und die Oberfläche einer Kugel mit einem Durchmesser von 1,50 m.

Lösung:

Volumen: $V = \dfrac{\pi}{6} d^3 = \dfrac{\pi}{6} 1,5^3 = 1,76714... \approx \underline{\underline{1,77 \ m^3}}$

Oberfläche: $O = \pi d^2 = \pi 1,5^2 = 7,06858... \approx \underline{\underline{7,07 \ m^2}}$

Übungsaufgaben:

1. Eine Deckenlampe besteht aus einem kugelförmigen Glaskörper mit einem Durchmesser von 24 cm.
    Berechnen Sie das Volumen und die Oberfläche des Lampenkörpers.

2. Für eine Dekoration sind 3 Kugeln aus Styropor mit farbigem Wollfilz zu bekleben. Die Kugeln haben einen Durchmesser von 56 cm.
    Wie viel dm³ Styropor beinhalten die 3 Kugeln?
    Wie viel cm² Wollfilz wird benötigt?

3. Zur Verzierung der Treppengeländer auf einer Event-Bühne werden 8 Massivholzkugeln mit einem Durchmesser von 10 cm bei einem Holzversand bestellt. Die Kugeln sind aus Buchenholz und haben eine Dichte von 0,80 g/cm³.
    Wie groß ist die Oberfläche einer Kugel?
    Wie schwer wird die Sendung mit den 8 Kugeln?

4. Bei der Schaufenstergestaltung mit Sommer- und Bademoden wird als Dekorationselement unter anderem ein Wasserball verwendet. Aufgeblasen hat er einen Durchmesser von 90 cm. Da er so aber optisch zu groß wirkte, wurde $^1/_3$ der Luft herausgelassen.
    Wie groß ist jetzt der Durchmesser des Wasserballs?

17. Zeichnerische Darstellung von Räumen und Körpern

Zu den Aufgaben eines Gestalters/einer Gestalterin für visuelles Marketing gehört der Aufbau von Präsentationsräumen. Das können Schaufenster sein, Messestände und Messehallen, Ausstellungs- und Veranstaltungsräume oder Festplätze und – bühnen.

Eine unverzichtbare Möglichkeit, dem Auftraggeber die eigenen Ideen, die Entwürfe und die Konzeption unterbreiten und mit ihm beraten zu können, ist das Anfertigen von Zeichnungen. Das kann anfangs eine „Faustskizze" sein, die schnell und frei Hand mit Bleistift angefertigt wird, die dann aber später eine perspektivische Darstellung sein sollte, um den räumlichen Eindruck des Präsentationsraumes oder des Präsentationsobjektes zu vermitteln.

Aufgabe der perspektivischen Zeichnung ist es, auf einem ebenen Blatt den Eindruck einer 3.Dimension und damit einer realistischeren Vorstellung entstehen zu lassen. Ein Nachteil ist, dass Längenverhältnisse und Winkel nicht immer erhalten bleiben, was zu Verzerrungen führt.

Dazu gibt es verschiedene Darstellungsarten. Wir kennen die am häufigsten zur Anwendung kommenden Parallel- und Zentralprojektionen. Welche Methode auch zum Einsatz kommt, es sind alle nur mit Verzerrungen möglich und damit auch mit Ungenauigkeiten.

Messbare Zeichnungen liefern dagegen die Tafelprojektionen, auch Normalprojektionen genannt. Der Betrachter kann das dargestellte Objekt definieren und somit exakt realisieren. Die Tafelprojektion ist eine wichtige Form des technischen Zeichnens. Wir erläutern später die bekannte Dreitafelprojektion.

17.1. Parallelprojektion

Bei der Parallelprojektion, das sagt schon der Name, werden alle in der Wirklichkeit parallel verlaufende Linien auch parallel gezeichnet. Es gibt also keinen Fluchtpunkt. Zu den gebräuchlichsten Arten der Parallelprojektion zählen die Kavalierperspektive sowie die dimetrische und isometrische Projektion. Nachstehend werden diese kurz erläutert.

17.1.1. Kavalierperspektive

Die Kavalierperspektive zeigt die Vorderansicht unverzerrt. Deshalb ist sie geeignet, wenn etwas Wichtiges in der Vorderansicht dargestellt werden soll.

Merke:

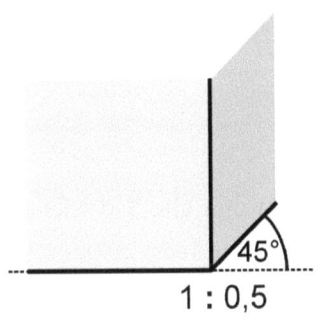

1 : 0,5

- Horizontale und vertikale Linien bleiben unverkürzt.
- Linien in die Tiefe werden um 50 % verkürzt,
- Tiefen verlaufen im 45°-Winkel zur Waagerechten.

Die Konstruktion in der Kavalierperspektive ist die einfachste Variante einer perspektivischen Darstellung. Sie ist anschaulich und leicht zu zeichnen.
Die Kanten der Flächen (Höhen und Breiten), die parallel zur Bildebene liegen, bleiben ungekürzt, und die Winkel werden unverzerrt wiedergegeben. Nur die in die Tiefe verlaufenden Kanten verkürzen sich um die Hälfte, angetragen werden sie in einem 45°-Winkel zur Waagerechten.

17.1.2. Dimetrische Projektion

Die dimetrische Projektion wird dann gewählt, wenn das Wesentliche in der Vorderansicht dargestellt werden soll und die Zeichnung einen Eindruck von Räumlichkeit erzeugen soll.

Merke:

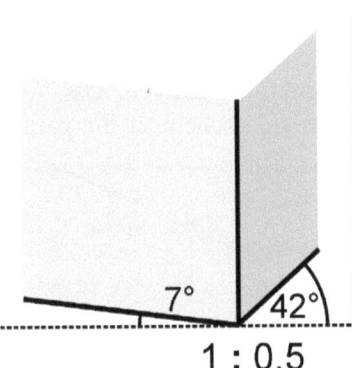

1 : 0,5

- Vertikale Linien unverkürzt.
- Von den beiden in die Tiefe laufenden Linien wird die eine im 7°-Winkel und die andere im 42°-Winkel zur Waagerechten gezeichnet.
- Die am 7°-Winkel anliegende Linie wird unverkürzt gezeichnet.
- Die andere Linie, die am 42°-Winkel anliegt, wird um 50 % gekürzt dargestellt.

Auf Grund ihrer Natürlichkeit und naturgetreuen Wiedergabe zählt die dimetrische Projektion zu den am häufigsten verwendeten Zeichnungsarten. Ein Nachteil dieser Zeichnung ist, dass die Maße nur teilweise direkt abgenommen werden können, da alle Flächen verzerrt dargestellt werden und die Winkel nicht stimmen.

17.1.3. Isometrische Projektion

Für eine isometrische Darstellung entscheidet man sich, wenn alle 3 Ansichten gleichwertig wiedergegeben werden sollen.

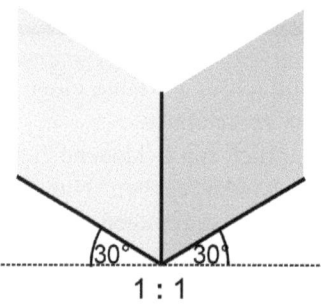

1 : 1

Merke:

- Alle 3 Linien (Seiten) werden unver-kürzt gezeichnet.

- Beide in die Tiefe gehenden Linien liegen 30° zur Waagerechten.

Die isometrische Darstellung liefert ein anschauliches Bild. Vorteilhaft ist, dass ein direktes Abnahmen der Maße möglich ist. Nicht ablesbar dagegen sie die Winkel. Beide Faktoren zusammen bewirken den Eindruck einer verzerrten Breite des Objektes.

17.2. Zentralprojektion

Die Zentralprojektion ist ein Verfahren der Fluchtpunktperspektiven. Das Auge wird auf einen Punkt gelenkt. In diesem Punkt treffen sich scheinbar die parallel liegenden Linien. Die bekannteste Form ist die Betrachtung mit einem Fluchtpunkt, es sind jedoch auch zwei und drei Punkte üblich.

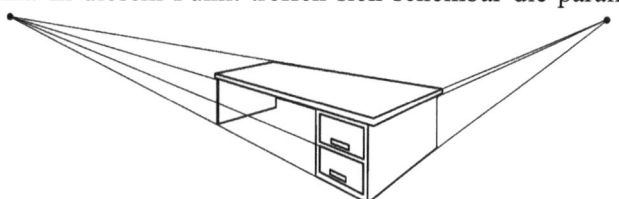

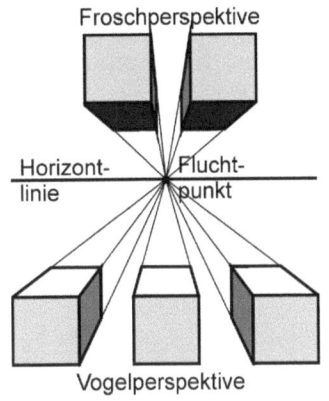

Merke:

- Die Horizontlinie ist keine feststehende Linie. Sie wird durch die Augenhöhe des Betrachters bestimmt.

- Der Fluchtpunkt liegt auf der Horizontlinie. Er ist abhängig vom Standort und Blickwinkel des Betrachters (Frosch-, Vogelperspektive)

- Bei den Fluchtpunktperspektiven gibt es die Frontalperspektive (1 FP), die Schrägperspektive (2 FP) und die Luftperspektive (3 FP).

Die Senkrechten bleiben weiterhin senkrecht, dagegen werden die Waagerechten kürzer. Dadurch entsteht verstärkt der Eindruck einer Perspektive.

17.3. Dreitafelprojektion

Die Dreitafelprojektion ist ein Verfahren, um ein räumliches Objekt zeichnerisch in drei verschiedenen ebenen Ansichten darzustellen. Das sind die Vorderansicht, die Draufsicht und die Seitenansicht. Da eine eindeutige Rekonstruktion des Körpers aus der Projektion möglich ist, wird die Dreitafelprojektion z.B. für die Darstellung von Werkstücken eingesetzt.

Merke:

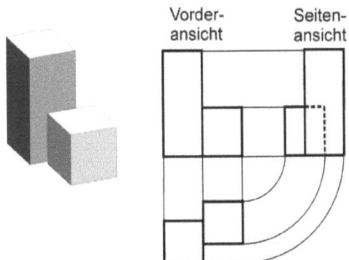

- Bei der Dreitafelprojektion werden die Punkte eines Körpers auf drei Flächen projiziert.

- Die Flächen stehen senkrecht aufeinander.

- Es gibt auch eine Zweitafelprojektion.

Übungsaufgabe:

1.

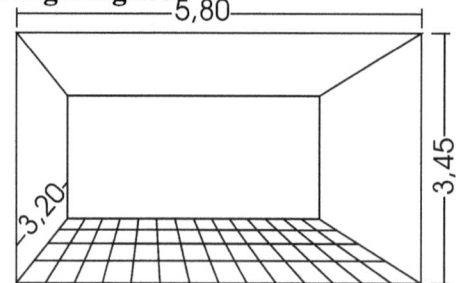

Zeichnen Sie den abgebildeten Schaufensterraum in Kavalierperspektive (Maßstab 1 : 50).

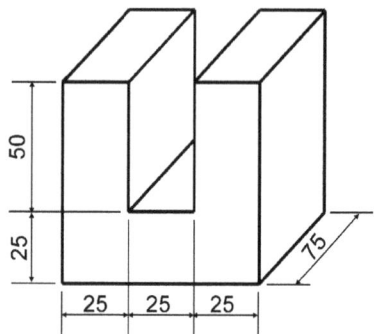

2. Das nebenstehende Modell ist in der Dreitafelprojektion zu zeichnen. (Maßangaben in der Skizze: cm; Maßstab für die Projektion 1 : 10)

3. Zeichnen Sie in isometrischer Projektion das abgebildete Präsentations-Aufbauelement. Es ist ein Pyramidenstumpf mit quadratischer Grundfläche. (Maststab 1 : 1)

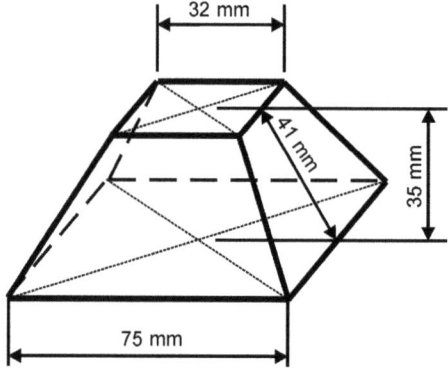

18.   Material für Wandverkleidung

Zum regelmäßigen Aufgabenbereich eines Gestalters für visuelles Marketing gehört es, Materialmengen und –kosten zu kalkulieren und den Einsatz der einzelnen Ressourcen unter wirtschaftlicher Sicht zu realisieren.

Dabei spielen Stoffe, Folien, Tapeten, Kunststoffe, Holzplatten und –leisten, Farben und Leuchtmittel eine wichtige Rolle.

Die Ermittlung des Bedarfs an Tapeten und textilen Stoffen wird deshalb nachfolgend behandelt.

18.1.   Tapeten als Wandbekleidung

Das Tapezieren von Schaufenstern, Messeständen, Ausstellungsräumen etc. ist eine schnelle, saubere und kostengünstige Methode, um den entsprechenden Objekten Farben, Muster- oder Struktureffekte zu geben. Während für Schaufenster hauptsächlich einfarbige Tapeten verwendet werden, schließlich sollen die Waren zur Geltung kommen, kann bei anderen Objekten gestreifte Musterung die optische Größe der Räumlichkeit beeinflussen bzw. durch gezielten Einsatz von Musterungen eine optische Tiefe erzielt werden.

Welche Absicht auch verfolgt wird, es stehen für jede Gelegenheit die verschiedensten Tapetenarten zur Verfügung. Diese Unterschiedlichkeit besteht aber nicht nur im Design, sondern auch in der Qualität, im Material, im Preis, in der Rollengröße und in der Verarbeitungsweise.

Tapetenarten sind z.B.

Papiertapete	Papierprägetapete	Raufasertapete
Textiltapete	Vliesfasertapete	Vinyl- oder PVC-Tapete
Metallfolientapete	Velourstapete	Bildtapete
Naturwerkstofftapete		

Die einzelnen Tapetenarten haben unterschiedliche Rollenmaße. Die Standardgröße einer Europarolle ist 10,05 m x 0,53 m, das Maß der meisten Tapeten.

Raufaserrollen sind dagegen 33,50 m lang, es gibt sie aber auch als Großrolle mit den Maßen 125 m x 0,75 m. Textiltapetenrollen sind wiederum 10,05 m lang, jedoch häufig 1,06 m breit. Korktapetenrollen haben eine Fläche von 9,15 m x 0,76 m, also etwas ganz anderes.

Die Kenntnis zum jeweiligen Rollenmaß ist jedoch eine wichtige Angabe, um den Materialbedarf für die vorgesehene Arbeit ermitteln zu können. Zu berücksichtigen ist außerdem, ob es sich um eine ansatzfreie Tapete handelt, ob ein Muster, ein Rapport zu beachten ist.

Die Tapeten-Bedarfsermittlung geschieht in 4 Schritten:
1. In welcher Länge müssen die Bahnen zugeschnitten werden?
2. Wie viel Bahnen sind insgesamt erforderlich?
3. Wie viel Bahnen können aus einer Rolle geschnitten werden?
4. Wie viel Rollen werden benötigt?

Zu 1.

Der Raum bzw. das zu tapezierende Objekt wird an der höchsten Stelle gemessen. Bei einer ansatzlosen Tapete rechnet man ca. 5 cm für den Verschnitt dazu.

Bei Tapeten mit einem Versatzmuster wird die Raumhöhe durch die Rapporthöhe dividiert. Ist das Ergebnis eine ganze Zahl, ist die Raumhöhe auch gleichzeitig die Bahnlänge. Ergibt sich bei der Division eine Dezimalzahl, was meistens der Fall ist, wird das Ergebnis **immer** auf eine **ganze Zahl aufgerundet**.

Zur Ermittlung der Bahnlänge wird diese ganze Zahl mit der Mustergröße (dem Rapport) multipliziert.

Zu 2.

Zur Errechnung der erforderlichen Zahl von Tapetenbahnen wird der Umfang des zu tapezierenden Raumes (Summe aller Wandlängen) durch die Rollenbreite dividiert. Beim Standardformat der Euro-Tapete wäre der Teiler also 0,53 m. (In der Praxis wird meistens rund mit 0,50 m gearbeitet.)

Das Ergebnis wird **immer** auf eine **ganze Zahl aufgerundet**.

Der errechnete Rollenbedarf verringert sich, wenn Fenster, Türen oder andere Einsparungen zu berücksichtigen sind. Dafür ist dann allerdings zu überprüfen, ob die beim Bahnenzuschnitt anfallenden Reste als Kurzstücke über Türen, über und unter Fenstern verarbeitet werden können oder ob unter Berücksichtigung des Rapports gesondert zugerissen werden muss.

Zu 3.

Die Rollenlänge, geteilt durch die unter Pkt. 1 ermittelte Bahnlänge, ergibt die Anzahl der Bahnen, die aus einer Rolle geschnitten werden können. Ein dezimaler Wert wird **immer** auf eine **ganze Zahl abgerundet**.

Der bei der Division entstehende Dezimalwert ist ein Reststück, dessen Verwendung gesondert zu bewerten ist (Tür, Fenster).

Zu 4.

Die Anzahl der Rollen errechnet sich durch Division der Gesamtzahl der Bahnen (Ergebnis von Pkt. 2) durch die Zahl der Bahnen pro Rolle (Ergebnis von Pkt. 3). Da es nur ganze Rollen zu kaufen gibt, muss das Ergebnis ganzzahlig sein bzw., es muss **immer** auf ein **ganze Zahl aufgerundet** werden.

Beispielaufgabe:

Der Stand einer Messe (Breite 4,60 m, Höhe 3,00 m, Tiefe 2,80 m) soll an der Rückseite und an den beiden Seitenwänden mit einer Mustertapete (Rapporthöhe = 32 cm) tapeziert werden.
Wie viel Rollen müssen dazu beschafft werden?

Lösung:

Vergleiche Pkt.1:
3,00 m (Wandhöhe) **:** 0,32 m /Rapporthöhe) = 9,375 Muster,
immer aufrunden: also 10 Musterhöhen;
10 Muster x 0,32 m (Rapport) = 3,20 m (Bahnlänge)

Vergleiche Pkt. 2:
2,80 m (linke Seite) + 4,60 m (Rückwand) + 2,80 m (rechte Seite) = 10,20 m
10,20 m **:** 0,53 m (Rollenbreite) = 19,245 Bahnen,
immer aufrunden: also insgesamt 20 Bahnen

Vergleiche Pkt. 3.
10,05 m (Rollenlänge) **:** 3,20 m (Bahnlänge) = 3,14 Bahnen,
immer abrunden: also 3 Bahnen/Rolle

(es bleibt ein Reststück von 0,45 m übrig.)

Vergleiche Pkt. 4.
20 Bahnen (insgesamt) **:** 3 Bahnen (pro Rolle) = 6,666 Rollen,
immer aufrunden: Also 7 Rollen müssen bereitgestellt werden.

Tapeten und Stoffe

Übungsaufgaben:

1.   Ermitteln Sie für das abgebildete Schaufenster
   a. die zu schneidende Bahn-
     länge,
   b. die Anzahl der Bahnen,
   c. die Anzahl der Bahnen pro
     Rolle und,
   d. die Gesamtzahl der Rollen
wenn Normaltapete mit
einem Musterrapport von
0,42 m verwendet wird.

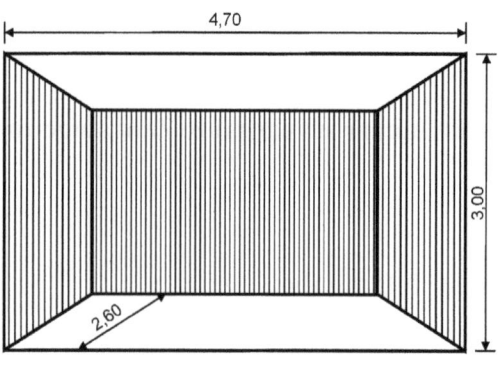

2.   Die beiden Seitenwände (je 3,50 m breit und 2 m hoch) und die Rückwand
(5 m breit und 2 m hoch) eines Ausstellungsstandes werden mit ansatzlosen
Euro-Tapeten-Rollen beklebt.
Berechnen Sie die benötigte Rollenzahl.

3.   Für eine Ausstellung sind 5 Nischen zu gestalten. Jede Nische besteht aus 2
Wänden mit folgenden Maßen: Wand 1: 3m Breite und 2,20 m Höhe; Wand
2: 4 m Breite und 2,2o m Höhe. Dieser Nischen es Stils tapeziert werden. Die Tapete hat ein Musterrapport von 0,46 m.
Berechnen Sie die nötigen Tapetenrollen unter Berücksichtigung des Euroformats!

4.   Um eine optische Vergrößerung des Präsentationsraumes zu erreichen, wird
lediglich die 2,90 m hohe und 5,10 m breite Rückwand mit Papiertapete
(normales Maß und 27 cm Rapporthöhe) tapeziert.
Wie viel Rollen Tapete sind erforderlich?

5.

Alle 12 Schaufenster eines Kaufhauses
sollen jeweils an den Seiten- und Rück-
wänden mit Raufaser beklebt und dann
unifarben gestrichen werden.
Welcher Preis ist für die Tapete zu kalkulieren, wenn Großrollen (125 x 075) verwendet werden, die Rolle 30,95 € kostet
und der Lieferant 12 % Mengenrabatt
gibt?

6. Sie wollen 3 Nischen eines Messestandes gestalten. Jede Nische besteht aus 3 Wänden mit folgenden Maßen: 2 Seitenwände, jeweils 3 m breit und 2,20 m hoch, sowie eine Rückwand, 4,30 m breit und 2,20 m hoch. Die ausgewählte Tapete hat ein Musterrapport von 0,46 m.
Berechnen Sie die nötigen Tapetenrollen unter Berücksichtigung des Euroformats!

7: Die Rückwand einer Präsentationsfläche (4,55 m breit und 3 m hoch) soll mit einer auffälligen Mustertapete tapeziert werden (Eurorolle, Rapport 29 cm, gerader Ansatz). Die erste Bahn soll mittig geklebt werden, sodass die beiden Außenbahnen einen symmetrischen Abschluss haben und gleich breit sind. Alle Bahnen werden auf Stoß geklebt,
Berechnen Sie,
a) wie viele Tapetenbahnen benötigt werden.
b) auf welche Länge die Tapetenbahnen zugeschnitten sein müssen.
c) wie viele Tapetenrollen benötigt werden.
d) wie breit die beiden Außenbahnen sind.

18.2. Klebstoffverbrauch beim Tapezieren

Die Befestigung der Tapete auf dem zu gestaltenden Untergrund erfolgt mittels Kleister. Davon gibt es fast genau so viel verschiedene Arten wie unterschiedliche Tapetensorten.

So wird für Papiertapeten ein normaler Zellulosekleister verwendet. Dabei handelt es sich um ein wasserlösliches und im Verbrauch weitreichendes Produkt. Entsprechend des Verwendungszwecks ist schon das Ansatzverhältnis (Mischungsverhältnis mit Wasser) unterschiedlich, wie auch die verschiedensten Kleisterhersteller unterschiedliche Angaben zu ihren Produkten machen.

Entsprechend der Empfehlung eines (Marken-) Herstellers werden folgende Mischungsansätze und Reichweiten eines Kleisterpäckchens (200 g Inhalt) für die Verarbeitung von Papiertapeten genannt:

Verwendungszweck	Mischungsverhältnis	Reichweite
Vorkleistern	1 : 50 (10 l Wasser)	100 m²
leichte Papiertapeten	1 : 45 (8 ¾ l Wasser)	50 m² (≈ 10 Rollen)
normale Papiertapeten	1 : 38 (7 ½ l Wasser)	40 m² (≈ 8 Rollen)
schwere Papiertapeten	1 : 30 (6 ¼ l Wasser)	30 m² (≈ 6 Rollen)

Für andere Tapeten, wie z.B. Struktur-, Präge- und Vinyltapeten, auch für Raufaser, gibt es einen Spezialkleber, der für diese schweren Tapeten auch eine verstärkte Klebekraft besitzen muss. Daraus resultieren auch andere Ansatzverhältnisse und reichweiten:

Verwendungszweck	Mischungsverhältnis	Reichweiten
Vorkleistern	1 : 40 (≈ 8 l Wasser)	80 m²
alle genannten Tapeten	1 : 20 (≈ 4 l Wasser)	25 m² (ca. 5 Normalrollen bzw. 1,5 Rollen Raufaser)

Diese Aufzählung ließe sich für weitere Tapetenarten fortsetzen. Für spezielle Tapetensorten gibt es auch Kleister und Kunststoffdispersionskleber mit unterschiedlichen Verwendungsangaben.

Es ist deshalb ratsam, sich schon bei der Planung eines Vorhabens mit den Eigenschaften der Tapete und der dazu gehörenden Kleisterempfehlung vertraut zu machen.

Übungsaufgaben:

1. Sie wollen Kleister für das Tapezieren normaler Papiertapeten ansetzen. Als Verbraucherhinweis ist auf der 200-g-Packung für diesen Zweck das Ansatzverhältnis 1 : 37 angegeben.
    Für wie viel Liter Wasser ist das Päckchen ausreichend?

2. Für Großabnehmer bietet ein Unternehmen Kleister in 7,5-kg-Sacken an.
    Wie viel Euro-Rollen leichter Papiertapeten können mit dieser Menge verklebt werden?

3. Raufaser-Kraft-Kleister wird u.a. in 500-g-Packungen angeboten.
    Wie viel dieser Pakete sind erforderlich, wenn er zum Verkleben von insgesamt 10 Großrollen Raufaser ausreichen soll?

18.3. Textiler Stoff als Wandbespannung

Es müssen nicht immer Tapeten sein. Alternativ zum Tapezieren bieten sich textile Stoffe zur Bespannung von Schaufensterwänden und anderen Flächen an. Mit Stoff bespannte Wände können sehr dekorativ sein und dem zu gestaltenden Objekt eine elegante Atmosphäre verleihen.

Geeignet sind dafür alle Stoffe mit einer entsprechenden Festigkeit. Es können robuste und preiswerte Baumwoll-, Deko- und Leinenstoffe ebenso verwendet werden wie Kunstfaserstoffe oder Dekorationsfilz.

Bei der Wahl des richtigen Stoffes ist natürlich das Gestaltungskonzept ausschlaggebend, aber auch das Budget wird mit zur Entscheidung beitragen müssen. Sind diese Dinge berücksichtigt worden, steht immer die Frage:

Wie viel Stoff wird benötigt?

Bedacht werden muss in diesem Zusammenhang, ob eine einfache glatte Verspannung vorgesehen ist oder ob Falten gelegt werden sollen. Während bei glatter Verspannung weniger Stoff verbraucht wird, es ist lediglich das Zusammennähen der Bahnen zu berücksichtigen, gelten bei der Faltentechnik folgende Richtwerte:

Beim Legen einfacher Falten rechnet man mit der dreifachen Stoffmenge, bei der sogenannten Doppelfaltentechnik plant man 2,5 mal die zu bespannende Breite ein, bei der Zick-Zack-Faltung ist es das 1,5-fache.

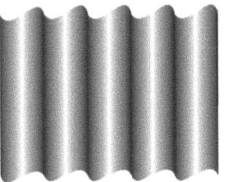

Einfache Falten   Doppelfalten   Zick-Zack-Falten

Die erforderliche Menge wird auch dadurch bestimmt, wie breit der Stoff liegt. Breiterer Stoff erfordert weniger Bahnen und folglich auch weniger Nähte.

Da das Spannen des Stoffes in der Regel über Holzrahmen erfolgt (Es gibt aber auch spezielle Kunststoffleisten.), sind beim Zuschneiden der Bahnen oben und unten jeweils ca. 10 cm zuzurechnen, die dann über den Rahmen gespannt werden und zur unsichtbaren Befestigung auf der Rahmenrückseite dienen. Diese Methode wird bevorzugt eingesetzt, sie ist leicht zu handhaben und ermöglicht problemlos eine verzugsfreie Verspannung.

Beispielaufgabe:

Ein Schaufenster ist 5,80 m breit, 3,40 m hoch und 3,55 m tief. Die Wände sind mit Deko-Molton glatt zu bespannen, der 1,30 m breit liegt.
Wie viel Molton muss bestellt werden?

Lösung:

3,40 m (Fensterhöhe) + 0,20 m (Zugabe oben und unten) = 3,60 m (Bahnlänge)

3,55 m (Seitenbreite) : 1,30 m (Bahnbreite) = 2,73...; **aufgerundet** 3 Bahnen

3 Bahnen schließen 2 Nähte ein, für die je 2 cm abgezogen werden. Also: 3 Bahnen x 1,30 m – 2 x 2 cm (Nähte) – 2 x 10 cm (Verspannung links und rechts) = 3,66 m

Breite, die für die Bespannung einer Seitenwand ausreichen.

5,80 m (Rückwand) : 1,30 m (Bahnbreite) = 4,461...; **aufgerundet** 5 Bahnen

5 Bahnen bedeutet 4 Nähte sowie Spannen links und rechts, also 5 x 1,30 m - 4 x 2 cm - 2 x 10 cm = 6,42 m, die für die Rückwand reichen.

Gesamtbedarf:
3 Bahnen jeweils für linke und rechte Seite + 5 Bahnen für die Rückwand = 11 Bahnen
11 Bahnen x 3,60 m = 39,60 lfd. m Deko-Molton sind erforderlich.

Übungsaufgaben:

1. Ihre Aufgabe besteht darin, für eine Saisonmodenschau den 4 m breiten, 12 m langen und 1 m hohen Laufsteg mit Samtstoff an den beiden Seitenlängen und an der Kopffläche mit Doppelfalten zu bespannen. Bei dieser Bespannungsart müssen Sie die 2 ½-fache Stoffmenge kalkulieren. Im günstigsten Angebot, das Sie bekamen, kostet die Stoffrolle (30 m x 1,10 m) ohne Umsatzsteuer 125,70 €. Meterware kostet beim Abnehmen von weniger als einer Rolle der lfd. Meter 4,49 € (netto).
    Berechnen Sie die Bruttokosten des benötigten Stoffs.

2. Der Stand auf einer Buchmesse ist an den beiden Seitenwänden und an der Rückwand mit einfacher Faltung zu bespannen. Der Stoff liegt 1,80 m breit und kostet (netto) 7,69 € je lfd. Meter.

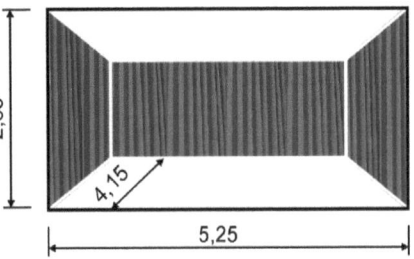

a. Wie lang muss eine Bahn geschnitten werden?
b. Wie viel Bahnen sind erforderlich für eine Seiten- und die Rückwand?
c. Wie viel lfd. Meter Stoff werden benötigt?
d. Wie viel kostet der Stoff (ohne MwSt.)?

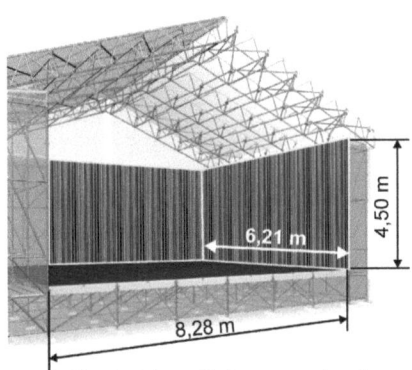

3. Die Rückwand und die beiden Seitenwände der abgebildeten Event-Bühne (8,28 m breit, 6,21 m tief, 4,50 m hoch) sollen mit 1,50 m breitem Polyester-Taft bespannt werden. Bei der vorgesehenen einfachen Faltung ist die dreifache Menge an Stoff veranschlagen. (Berücksichtigen Sie den Zuschlag zum Verspannen.)

a. Wie viel lfd. Meter des Stoffs werden gebraucht?
b. Berechnen Sie die Kosten für diesen Stoff bei einem Preis von 4,15 € je Laufmeter und 3,74 € ab dem 30.Laufmeter.

4. Bei zwölf baugleichen Schaufenstern sollen die Rück- und Seitenwandplatten mit Molton bespannt werden. Jedes Schaufenster besteht aus 4 Rückwandplatten (jede 100 cm breit, 280 cm hoch) und 4 Seitenwandplatten (jede 45 cm breit, 280 cm hoch).
Ermitteln Sie, wie viele Ballen à 30 Meter (130 cm breit) für diese zwölf Schaufenster benötigt werden.

Tapeten und Stoffe |||

19. Material Papier

Papier ist ein einfaches, preiswertes und leicht zu ver- und bearbeitendes Material und somit für den Gestalter für visuelles Marketing ein vielseitig einsetzbarer Werkstoff. So dient Papier in der Hauptsache (mehr als 50 %) zum Anfertigen von Kommunikationsmitteln, zum Beschreiben und Bedrucken (Einladungen, Programmhefte, Flyer, Plakate, Visitenkarten usw.), aber auch bei der Gestaltung sowie Anfertigung von Dekorationselementen findet es Verwendung (Kartons, Wimpel, Girlanden etc.)

Die Papier herstellende Industrie bietet für jeden Verwendungszweck das geeignete Produkt an, es gibt Papiere in vielfältigen Qualitäten, unterschiedlichen Größen und Dicken sowie verschiedenen Gewichten.

19.1. DIN A-Format

Das Deutsche Institut für Normung legte 1922 nach eingehenden Beratungen mit den Behörden, den Papiererzeugern, den Papierhändlern und der Papier verarbeitenden Industrie die Papierformate fest, die heute allgemein als DIN-Formate (DIN 467) bekannt sind.

Die DIN-A-Reihe ist die Vorzugsreihe und liefert das Format für die meisten Druck-Erzeugnisse.

Der A0-Bogen, auch als Normbogen bezeichnet, hat einen Flächeninhalt von (rund) 1 m² und ein Seitenverhältnis von $1 : \sqrt{2}$.

Durch jeweilige Halbierung der längeren Seite entsteht das nächstkleinere Format (mit der nächstgrößeren Formatnummer). Dabei bleibt stets das Seitenverhältnis von $1 : \sqrt{2}$ erhalten. Ist das Ergebnis der Seitenhalbierung eine Dezimalzahl, wird immer abgerundet.
(Beispiel: A4 = 210 mm x 297 mm. Die Halbierung der längeren Seite 297 mm : 2 = 148,5 mm. Die Dezimalstelle wird abgerundet auf 148 mm. Deshalb ist A5 = 148 mm x 210 mm.)

Die Formate DIN B und DIN C sind Ergänzungsreihen, dienen zum Aufnehmen von DIN A-Formaten (Mappen, Briefhüllen usw.) und sind deshalb etwas größer.
(Beispiel: Briefhülle C4 ist 229 mm x 324 mm)

Format	Maße (mm)	Verwendung
A0	841 x 1189	Fahrplan-Aushänge, Landkarten, Plakate
A1	594 x 841	Plakate
A2	420 x 594	Plakate, Poster
A3	**297 x 420**	Plakate, Poster, Tabellen, Kontobücher
A4	**210 x 297**	Briefblatt, Rechnungen, Kataloge
A5	**148 x 210**	Mitteilungen, Karteikarten, Bücher
A6	105 x 148	Postkarten, Ausweise, Taschenbücher
A7	74 x 105	Kalender, Ausweise, Geschäftskarten
A8	52 x 74	Visitenkarten

Man muss nicht alle Maße im Kopf haben, aber zumindest die wichtigsten, die fett gedruckten. Sollte es sich als notwendig erweisen, weitere zu kennen, lassen sich durch Verdopplung bzw. Halbierung noch andere Formate errechnen.

19.2. Nutzenberechnung mit DIN-Formaten

Bei der Nutzenberechnung geht es um eine bestmögliche Ausnutzung des zu verarbeitenden Materials. Optimal ist eine Verwertung, wenn beide, die anzufertigenden Exemplare (Nutzen) und das zur Verfügung stehende Material, der DIN-Norm entsprechen. Durch die jeweilige Halbierung der Bögen entsteht stets die doppelte Anzahl an kleineren Formaten, sodass nie ein Rest übrig bleibt.

Ist dagegen ein Format ungenormt und nur das andere entspricht der DIN-Norm, ist die Nutzenberechnung entsprechend der Beschreibung auf Seite 65 vorzunehmen.

Beispielaufgabe:
Wie viel Postkarten (**A6**) kann man aus einem Bogen **A1** gewinnen?

Lösung (Variante 1):

Format DIN	A1	A2	A3	A4	A5	A6
Exemplare	**1**	2	4	8	16	**32**

Antwort:
Aus einem Bogen A1 gewinnt man durch fortgesetzte Halbierung am Ende 32 Postkarten.

Ein schnellerer und geschickter Lösungsweg: Von der DIN-Nummer des Nutzenformates wird die DIN-Nummer des Bogenformates subtrahiert. Die errechnete Differenz setzt man als Potenz zur Basis 2 ein und bekommt die maximale Nutzenzahl.

Material Papier

Für die letzte Beispielaufgabe ergibt sich folgende …

Lösung (Variante 2):
Postkarte (A**6**), Bogen (A**1**); also $6 - 1 = 5$
deshalb: $2^5 = 32$

Antwort: Siehe oben!

Übungsaufgaben:

1. Wie viel Nutzen im Format DIN A5 erhält man aus einem Bogen DIN A2?

2. Wie viel Nutzen im Format DIN A4 erhält man aus 10 Bogen DIN A1?

3. Wie viel Blatt DIN A5 Handzettel erhält man aus 300 Bogen DIN A1?

4. Wie viel Postkarten (DIN A6) erhält man aus 225 Bogen 210 mm x 297 mm?

5. Ein Kunde wünscht 4.000 Briefblätter im Format 21 cm x 29,7 cm. Wie viel Bogen DIN A2 benötigt man zum Druck?

6. Wie viel Bogen Plakatpapier DIN A0 werden zur Herstellung von 500 Plakaten im Format DIN A3 benötigt?

7. Eine Werbeagentur hat noch 1.000 Bogen Plakatpapier DIN A1 im Lager. Wie viel Bogen DIN A1 bleiben übrig, wenn daraus 3.000 Plakate DIN A3 geschnitten werden sollen?

8. Für die Herstellung von 3.000 Flyern (einfaches Blatt in DIN A5) werden neben einem vollständig aufzubrauchenden Restbestand von 200 Bogen DIN A3 noch Bogen DIN A2 verwendet. Wie viel Bogen DIN A2 sind neben dem A3-Restbestand erforderlich?

9. Sie haben den Auftrag, Messepreislisten mithilfe von 250-g-Karton zu stabilisieren. Die Kartonbogen haben das Format A1, die Preislisten sind A4. Wie viel Kartonbogen benötigen Sie für 64 Preislisten?

10. Wie viel Blatt DIN A5 Handzettel erhält man aus 3.600 Bogen DIN A2?

11. Ein Kunde bestellt 8.000 A4-Werbeblätter. Es stehen Formatbogen A1 zur Verfügung. Wie viel Bogen werden benötigt?

12. Wie viel Bogen Papier DIN A0 werden zur Herstellung von 5.000 Rechnungen im Format DIN A5 benötigt?

13. Eine Print-Medien GmbH hat noch 1.500 Bogen Plakatpapier DIN A1 auf Lager.
    Wie viel Bogen DIN A1 bleiben übrig, wenn daraus 3.000 Plakate DIN A3 geschnitten werden sollen?

14. Zu Herstellung von 4.000 Handzetteln 21 cm x 29,7 cm werden zunächst 700 Bogen DIN A3 verwendet. Der Rest wird aus A1-Bogen geschnitten. Wie viel Bogen DIN A1 sind noch erforderlich?

19.3. Masse von Papier

Im Sprachgebrauch sind Begriffe wie „80-Gramm-Kopierpapier" oder „190-Gramm-Zeichenkarton" üblich. Gemeint ist damit, dass ein Quadratmeter (bzw. ein A0) dieses Papiers 80 Gramm bzw. 190 Gramm wiegt. Auf der Verpackung steht deshalb auch meistens „80 g/m²", „190 g/m²" usw.

Beispielaufgabe:
Wie viel wiegt ein DIN A4-Blatt eines 80 g/m²-Papiers?

Lösung (Variante 1) durch Halbierung des Formates und des Gewichtes:

A0	A1	A2	A3	A4
80 g	40 g	20 g	10g	**5 g**

Lösung (Variante 2) durch Division des m²-Gewichtes durch Anzahl der Nutzen pro A0:

1 A0 = 16 A4-Nutzen (entsprechend der Nutzenberechnung)
Daraus folgt: 80g/m² : 16 Nutzen = **5 g** je A4

Übungsaufgaben:

1. Wie schwer ist ein Bogen DIN A2, wenn die Flächenmasse 140g/m² beträgt?

2. Ein Zeichenkarton hat das Gewicht von 190 g/m². Wie schwer sind 1.000 Bogen DIN A4?

3. Wie schwer ist ein Brief, der 3 Blatt DIN A4 enthält (Papier 80g/m²), wenn der frankierte Umschlag 3 g wiegt?

4. Wie viel wiegt ein Postpaket mit 1.500 Briefblätter DIN A4, wenn es sich um 80-g-Papier handelt und die Verpackung 250 g wiegt?

5. 1.000 Bogen im Format DIN A1 wiegen 80 kg. Ermitteln Sie die Papierqualität (g/m^2)!

6. Plakate für 55 Großanschlagflächen sind für den Versand vorzubereiten. Eine Großanschlagfläche setzt sich aus 3 x 6 Bogen DIN A1 zusammen. Wie schwer (kg) wird die Sendung (ohne Verpackung), wenn Plakatpapier mit der Grammatur 110 g/m^2 verarbeitet wurde?

19.4. Papierstärke

Die Dicke des Papiers ist sehr einfach zu ermitteln. Bei normalen Papieren mit einfachem Volumen entspricht die **Grammzahl des A0-Bogens (m^2) der Papierdicke in tausendstel Millimeter**. Besitzt das Papier ein erhöhtes Volumen, wird mit diesem Faktor die „einfache Dicke" multipliziert.

Beispielaufgabe:
Wie dick ist ein Papier mit der Flächenmasse 80 g/m^2 und 1,5-fachem Volumen?

Lösung:

$$\frac{80 \text{ g/m}^2}{1.000}$$ entspricht einer einfachen Dicke von 0,08 mm.

0,08 mm (einfache Dicke) • 1,5 (Volumen) = <u>0,12 mm</u> Dicke des Papiers

Übungsaufgaben:

1. Wie dick ist ein Karton mit der Flächenmasse 250 g/m^2 und 1,2-fachem Volumen?

2. Wie hoch ist der Stapel Karton mit 1,5-fachem Volumen, 220 g/m^2, 500 Bogen?

3. Welches Volumen hat ein Papier, 110 g/m^2 und der Dicke 0,198 mm?

4. Ein Stapel Karton mit 1,25-fachem Volumen, 190 g/m^2, ist 34,2 cm hoch. Wie viel Bogen umfasst der Stapel?

5. Ein Stapel, 3.000 Bogen, ist 63 cm hoch.
    Wie viel Gramm wiegt ein Quadratmeter von diesem Papier, das 1,75-faches Volumen hat?

20. Diagramme

Ein Gestalter für visuelles Marketing wird im Zusammenhang mit Präsentationen statistische Angaben, Zusammenhänge und Sachverhalte darlegen müssen. Da werden Umsatzzahlen verglichen, Kostensteigerungen und -verringerungen, höchste und niedrigste Mengenangaben oder Häufigkeiten.

Diese Informationen grafisch dargestellt erleichtern das Erfassen und den Überblick des Sachverhaltes. Die häufigste Form dieser anschaulichen Darbietung ist das Diagramm.

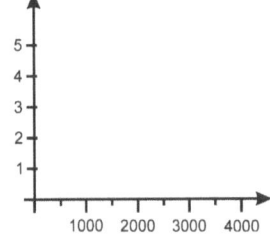

In der Regel besteht ein Diagramm aus zwei Achsen, die senkrecht zueinander stehen. Für spezielle Fälle gibt es auch andere Formen. Die waagerechte Achse wird Abszisse genannt, die senkrechte Ordinate. Pfeilspitzen an den Enden der Achsen zeigen das Größerwerden der Werte an.

Beispiel:
Ein Unternehmen hat bei Werbeaktionen in den letzten 3 Jahren folgende Beträge für die einzelnen Werbeträger eingesetzt:

Werbeträger	2015	2016	2017
	EUR in 1.000		
Anzeigen	38	33	35,5
Plakate	45,5	40	36
Flyer	1,5	2,5	2,5
Messen	52	65	66

Es existieren zahlreiche Formen von Diagrammen. Somit steht die Frage: „Welches Diagramm setze ich für meine spezielle Information und Präsentation ein?"

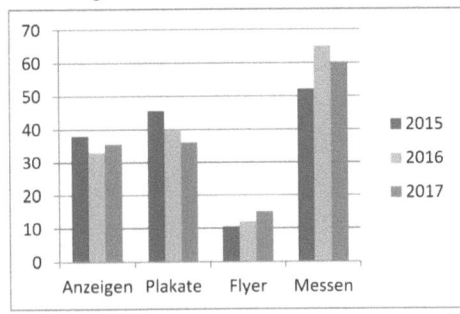

Säulendiagramm

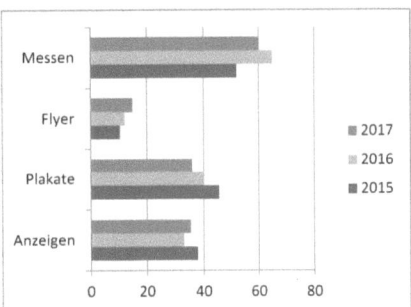

Balkendiagramm

Diagramme

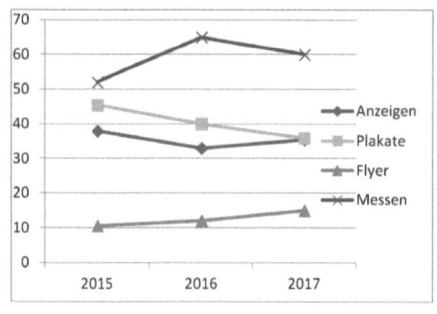

Liniendiagramm

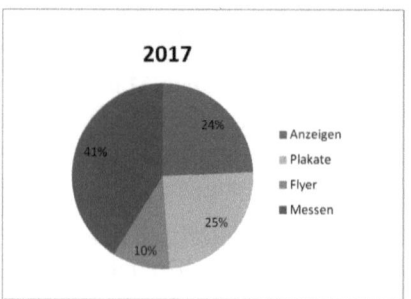

Kreisdiagramm

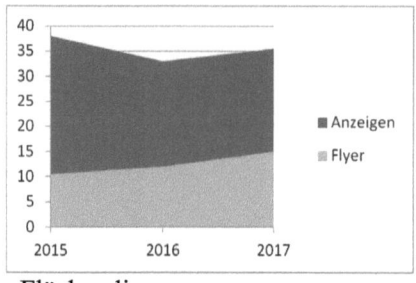

Flächendiagramm

Ein Diagramm soll ohne zusätzliche Textangaben verständlich und interpretierbar sein. Bei der Wahl des richtigen Diagrammtyps ist deshalb neben dem vorhandenen Datenmaterial die Aussageabsicht von Bedeutung.

20.1. Säulen-, Linien- und Kreisdiagramm

Beispiel 1:

Darzustellen ist, wie viele Kunden im Laufe einer Woche am Messestand eines Unternehmens beraten wurden: Montag 80, Dienstag 57, Mittwoch 82, Donnerstag 79, Freitag 95 und Samstag 55.

a. Sollen die täglichen Veränderungen der Kundenzahl gezeigt werden, bietet sich das Säulendiagramm an. Es zeigt gut die Steigerungen bzw. Rückgänge im Wochenverlauf.

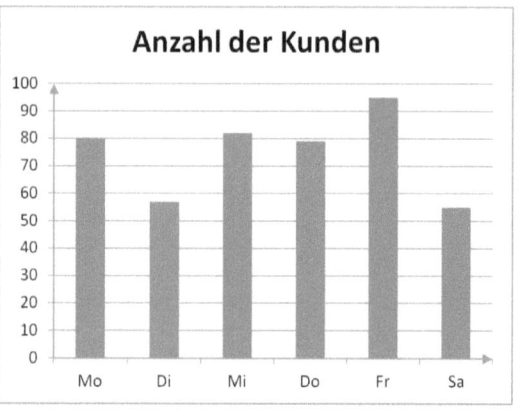

b. Gleiches Ziel erreicht auch das Liniendiagramm. Durch die Verbindung zweier benachbarter Datenpunkte mit einer Linie ist der jeweilige Trend innerhalb eines Zeitabschnittes zu erkennen.

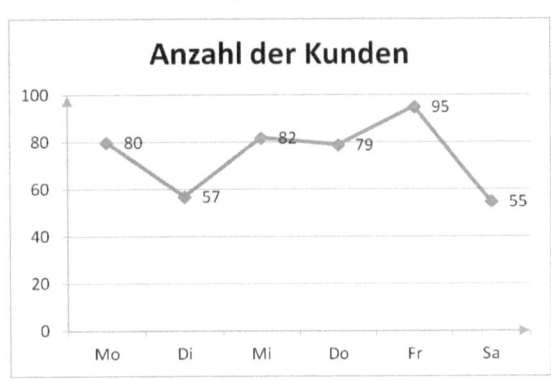

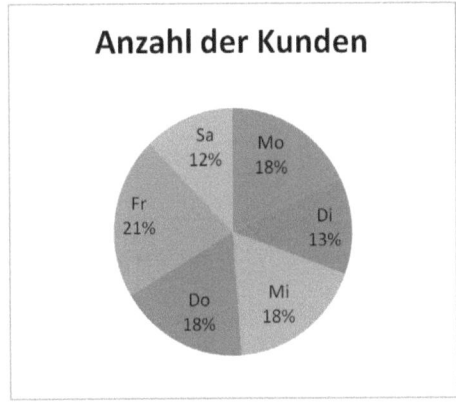

c. Ist die Absicht, mit der grafischen Umsetzung den täglichen Anteil an der Gesamtzahl der 448 Kunden in der Woche zu verdeutlichen, wählt man vorteilhaft das Kreisdiagramm.

Übungsaufgaben:

1. In einer Präsentation gegenüber einem Neukunden wollen Sie die Bedeutung der Geschäftsfelder Ihrer Agentur darstellen.

Geschäftsfeld	Umsatzanteil in %
Messebau	25
Veranstaltungen	10
Visual Merchandising	45
Grafikdesign	20

Mit welchem Diagrammtyp von den genannten lässt sich diese Information am besten verdeutlichen?

a) Liniendiagramm;   b) Flächendiagramm;   c) Kurvendiagramm;

d) Kreisdiagramm;   d Balkendiagramm

2. Die Abbildung zeigt die Altersstruktur in Deutschland im Jahr 2016.
   Welche der nachstehenden Aussagen lässt sich aus der Abbildung ablesen und
   ist eine wahre Aussage?

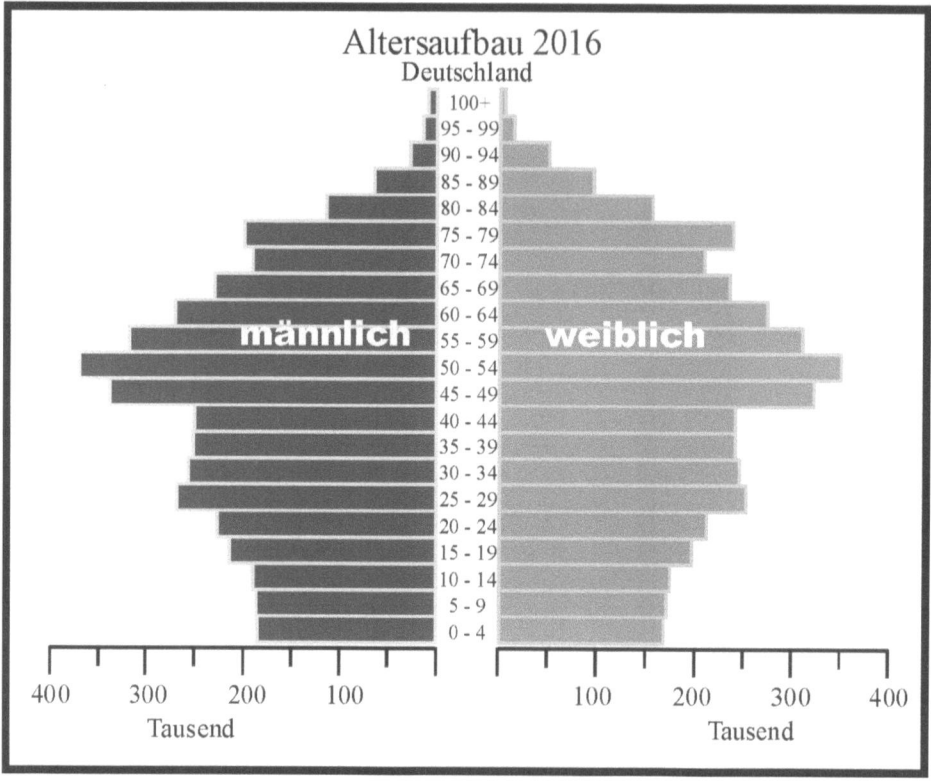

a) Im Jahren 2016 gab es im Vorschulalter weniger Mädchen als Jungen.

b) Im Jahr 2016 wurden 400.000 Kinder geboren.

c) Im Jahr 2016 betrug die durchschnittliche Lebenserwartung neugeborener Jungen 77 Jahre und für neugeborene Mädchen 82 Jahre.

d) Im Jahr 2016 gab es bei den zwischen 50- und 60-Jährigen einen Überhang an Männern.

e) Im Jahre 2016 gab es bei den 90- bis 95-Jährigen doppelt so viele Frauen wie Männer.

Diagramme

3. Ordnen Sie den abgebildeten Diagrammen folgende Namen zu: Balkendiagramm, Blasendiagramm, Flächendiagramm, Kreisdiagramm, Liniendiagramm, Netzdiagramm, Punktdiagramm, Ringdiagramm und Säulendiagramm.

A =....................................   B = ...

C =....................................   D = ...

E =....................................   F = ...

G =....................................   H = ...

I =....................................

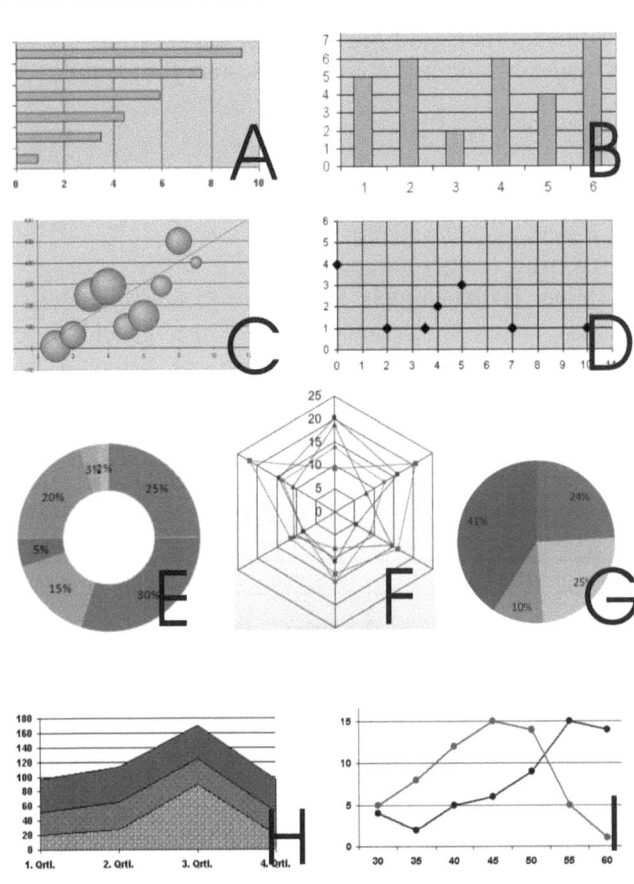

21. Lohn und Gehalt

Der Arbeitnehmer bekommt ein Arbeitsentgelt als Ausgleich dafür, dass er seine Arbeitskraft dem Unternehmen zur Verfügung stellt. Für einen Arbeiter ist es der Lohn und für einen Angestellten das Gehalt.

Die Berechnung der Einkommenshöhe eines Arbeitnehmers ist recht umfangreich und erfordert zahlreiche Detailkenntnisse. Da sind einerseits betriebliche Vereinbarungen, Tarifverträge, gesetzliche Regelungen und Festlegungen im Arbeitsvertrag zu berücksichtigen, andererseits kommen aber auch steuer- und sozialversicherungsrechtliche Bestimmungen zur Anwendung. Die Erläuterungen einer Lohn- und Gehaltsabrechnung sind so spezifisch und umfangreich, dass sie etwas für die Berufsausbildung des Lohnbuchhalters wären und somit den Rahmen dieses Buches sprengen würden.

Wir beschränken uns deshalb auf relevante Grundkenntnisse, die sich im Wesentlichen an den Prüfungsanforderungen eines Gestalters für visuelles Marketing orientieren.

21.1. Kriterien zur Lohn-/Gehaltsabrechnung

* Die im Tarifvertrag festgeschriebene und im Arbeitsvertrag vereinbarte Entlohnung ist immer **Brutto**entgelt. Dazu können noch Sonder- und Einmalzahlungen kommen, wie z.B. Urlaubs- und Weihnachtsgeld, Gratifikationen und Sachbezüge (Geldwerter Vorteil), so die private Nutzung eines Firmenfahrzeugs, kostenlose oder verbilligte Wohnung, Deputate usw.

Bruttolohn bzw. –gehalt	/z.B. Accord-, Prämien- od. Zeitlohn
+ tarifliche Leistungen	Vermögenswirksame Leistung, Ü-h-Zuschl.
+ sonstige Bezüge	z.B. Urlaubs-/Weihnachtsgeld
+ Sachbezug (Geldwerter Vorteil)	z.B. private Nutzung des Firmen-Pkw
= Bruttolohn/-gehalt (gesamt)	Steuer- u. sozialversicherungspflichtig

* Abzüge sind die Krankenversicherungs-, Pflegeversicherungs-, Arbeitslosenversicherungs- und Rentenversicherungsbeiträge. Diese werden auch häufig als Sozialversicherungsbeitrag zusammen gefasst. Weiterhin werden die Lohnsteuern, (bei Konfessionszugehörigkeit) die Kirchensteuern sowie der Solidaritätszuschlag vom Bruttolohn abgezogen.

* Was am Ende bleibt und ausgezahlt wird, ist das **Netto**entgelt.

- Jeder Erwerbstätige ist verpflichtet, einen Teil seiner Einnahmen als Lohn- bzw. Einkommenssteuer an den Staat abzuführen. Für diese Steuer, die vom Bruttoeinkommen abgezogen wird, gibt es unterschiedliche Steuerklassen (und damit verschiedene Prozentsätze), da bei der Berechnung Familienstand, Kinderzahl und Einkommensart mitbewertet werden.

- Die für die Berechnung der Steuer notwendigen Prozentsätze sind den Tabellen der 6 Steuerklassen zu entnehmen. Für die Steuerklasse gelten folgende Festlegungen:

  Steuerklasse I: Ledige oder Allein-Lebende ohne Kinder
  Steuerklasse II: Ledige oder Allein-Lebende mit Kindern
  Steuerklasse III: Verheirateter Alleinverdiener
  Steuerklasse IV: Verheirateter Doppelverdiener
  Steuerklasse V: Verheirateter mit Nebenverdienst
  Steuerklasse VI: Nebenverdienst eines bereits anderweitig angestellten Arbeitnehmers.

- Da wir diese Tabellen nicht zur Verfügung haben, erfolgt in unseren Übungsaufgaben die Angabe der Lohnsteuer als Betrag oder als Prozentsatz, der sich auf das steuerpflichtige Bruttoeinkommen bezieht.

- Abgezogen vom Bruttolohn wird auch der Solidaritätszuschlag. Diesen hat der Gesetzgeber mit 5,5 %, bezogen auf den Lohnsteuerbetrag, festgelegt.

- Bei konfessioneller Bindung ist eine Kirchensteuer abzuführen, deren Berechnung, genau wie beim Solidaritätszuschlag, sich auf den Lohnsteuerbetrag bezieht. Der Kirchensteuersatz ist 8 bzw. 9 % und ist in den Bundesländern unterschiedlich.

- Das Abführen der Lohn- und Kirchensteuer sowie des Solidaritätszuschlages liegt im Aufgabenbereich des Arbeitgebers.

- Die 4 Beiträge der gesetzlichen Sozialversicherung (Kranken-, Pflege-, Renten- und Arbeitslosenversicherung) beziehen sich bei ihrer Berechnung auf das Bruttoentgelt und werden auch von diesem abgezogen.

- Die vom Bundestag beschlossenen Beitragssätze sind:

  Rentenversicherung   18,60 %
  Pflegeversicherung   2,55 %
  Arbeitslosenversicherung   3,00 %
  (Stand: 01.Januar 2018)

- Diese Beitragssätze teilen sich Arbeitnehmer und Arbeitgeber je zur Hälfte. Der Teil des Arbeitnehmers wird vom Bruttolohn einbehalten und vom Arbeitgeber zusammen mit seiner Hälfte an den Sozialversicherungsträger weitergeleitet.
  (z.B.: Rentenversicherung 18,60 % : 2 = <u>9,30 %</u> jeweils für AN u. AG)

- Ist der Arbeitnehmer 23 Jahre oder älter und hat keine Kinder, erhöht sich sein Anteil am Pflegeversicherungssatz um 0,25 %, an denen sich der Arbeitgeber nicht beteiligt.

- Das Bundesland Sachsen hat eine Besonderheit bei der Pflegeversicherung. Dort wird sie nicht halbiert, der AG übernimmt nur 0,775 %, sodass für den AN 1,775 % bleiben. Mit der Zusatzbelastung für „jung und kinderlos" kommt der AN auf 2,025 %)

- Der Krankenversicherungsbeitrag ist bei den einzelnen gesetzlichen Krankenkassen unterschiedlich. Wir orientieren uns bei den Übungen deshalb am Allgemeinen Beitragssatz = 14,6 % des Bruttoeinkommens oder am Ermäßigten Beitragssatz = 14,0 %. Einen einkommensabhängigen Zusatzbeitrag der Arbeitnehmer legen die Krankenkassen selbst fest. Eine Richtgröße für die Krankenkassen bei der Festlegung ihrer individuellen Zusatzbeitragssätze liegt derzeit bei 1,1 %

- Beim Krankenversicherungsbeitrag, den sich Arbeitnehmer und Arbeitgeber ebenfalls teilen, ist allerdings der Arbeitnehmeranteil auf Grund des eben geschilderten Zusatzbeitrages größer als der des Arbeitgebers. Bei allgemeinen Beitragssätzen gilt folgende Teilung:

	Allgemeiner Beitragssatz + 1,1 % Zusatzbeitrag	Ermäßigter Beitragssatz + 1,1 % Zusatzbeitrag
Beitragssatz	15,70%	15,10 %
Arbeitnehmer	8,40 %	8,10 %
Arbeitgeber	7,30 %	7,00 %

- Das Entgelt für geleistete Überstunden ist steuer- und sozialabgabepflichtig und wird deshalb dem Bruttolohn zugerechnet. Es setzt sich aus dem Stundenlohn und einem prozentualen Überstundenzuschlag zusammen.

21.2. Schema einer Lohn-/Gehaltsabrechnung

Bruttolohn bzw. –gehalt	laut Arbeitsvertrag
+ tarifliche Leistungen	Vermögenswirksame Leistung des Arbeitgebers
+ sonstige Bezüge	z.B. Urlaubs-/Weihnachtsgeld
+ Sachbezug (Geldwerter Vorteil)	z.B. kostenlose od. verbilligte Wohnung
= Bruttolohn/-gehalt (gesamt)	
- Lohnsteuer	lt. Steuertabelle und -klasse
- Kirchensteuer	Berechnung erfolgt nach Prozentsatz auf
- Solidaritätszuschlag	Grundlage des Lohnsteuerbetrages.
- Sozialversicherungsbeiträge	
Rentenversicherung	Abgezogen werden jeweils die Arbeit-
Arbeitslosenversicherung	nehmeranteile. Diese werden gemeinsam
Krankenversicherung	mit den Arbeitgeberanteilen an den So-
Pflegeversicherung	zialversicherungsträger abgeführt.
= Nettolohn/-gehalt	
- Vermögenswirksame Anlagen	z.B. Bausparen, Investmentfonds usw.
- Vorschuss	
= Auszahlungsbetrag	

Beispielaufgabe 1:
Ermitteln Sie den Sozialversicherungsbeitrag mit den aktuellen Beitragssätzen (Stand: 01.01.2018) für ein Bruttoentgelt 2.100,00 €.

Lösung:

Bruttolohn/-gehalt		2.100,00 €
Rentenversicherung	**18,6 %** : 2 = 9,3 % v. Bruttolohn	195,30 €
Arbeitslosenversicherung.	**3,0 %** : 2 = 1,5 % v. BL	31,50 €
Krankenversicherung	**15,7 %**; anteilig AN = 8,4 % vBL	176,40 €
Pflegeversicherung	**2,55 %** : 2 = 1,275 % v. BL	26,78 €
Sozialversicherungsbeitrag		429,98 €

Beispielaufgabe 2:

Erstellen Sie die Gehaltsabrechnung und ermitteln Sie den auszuzahlenden Betrag einer Gestalterin für visuelles Marketing unter Beachtung der aktuellen Beitragssätze zur gesetzlichen Sozialversicherung und folgender Daten:

Bruttogehalt: 2.150,- €; tarifliche Leistungen zur VL: 40,- €

Lohnsteuersatz: 28,25 % Beitragssatz zur Krankenversicherung: 15,7 %

Konfession: evangelisch Bausparvertrag: 40,- €

Lösung:

Bruttolohn bzw. –gehalt	gemäß Gehaltsgruppe	2.150,00 €
+ tarifliche Leistungen		40,00 €
+ sonstige Bezüge		
+ Sachbezug (Geldw.Vort.)		
= **Bruttolohn/-gehalt** (ges.)	steuer- u. sozialabgabepflichtig	2.190,00 €
- Lohnsteuer	28,25 % von 2.190,- €	618,68 €
- Kirchensteuer	9 % der Lohnsteuer 618,68 €	55,68 €
- Solidaritätszuschlag	5,5 % der Lohnsteuer 618,68 €	34,03 €
- Sozialversg.-Beiträge		
Rentenversicherung	18,6 % : 2 = 9,3 % v. Bruttolohn	203,67 €
Arbeitslosenversg.	3,0 % : 2 = 1,5 % v. Bruttolohn	32,85 €
Krankenversicherung	15,7%; anteilig AN = 8,4% v. BL	183,96 €
Pflegeversicherung	2,55 % : 2 = 1,275 % v. BL	27,92 €
= **Nettolohn/-gehalt**		1.033,21 €
- Vermögensw.Anlagen	Bausparvertrag	40,00 €
- Vorschuss		
= **Auszahlungsbetrag**		993,21 €

Übungsaufgaben:

1. Ermitteln Sie den auszuzahlenden Gehaltsbetrag einer Mitarbeiterin der Marketingabteilung unter Beachtung der aktuellen Beitragssätze zur gesetzlichen Sozialversicherung und folgender Daten:
   Bruttogehalt: 1.640,- €;   tarifliche Leistungen zur VL: 40,- €
   Lohnsteuersatz: 17,35 %;
   Beitragssatz zur Krankenversicherung: 15,7 % (Arbeitnehmeranteil 8,4 %)
   Konfession: katholisch;   Bausparvertrag: 40,- €

2. Nach Abschluss Ihrer Berufsausbildung, Sie sind 22 Jahre alt und bekommen eine Stelle als Vollzeitkraft, erhalten Sie für den ersten Monat nachstehend auszugsweise abgedruckte Entgeltabrechnung:
   Bruttoentgelt 1.680,00 €   Lohnsteuer 149,52 €
   Solidaritätszuschlag 8,22 €
   Gesetzliche Sozialversicherung (Arbeitnehmeranteil) 329,70 €
   Ermitteln Sie, wie viel € Sie für den Monat netto ausbezahlt bekommen!

3. Vom Bruttolohn von 2.160,00 € werden 17,4 % für das Finanzamt abgezogen (LSt + Soli). Die Sozialbeitragssätze betragen 18,6 % (RV), 15,7 % (KV; 8,4 % AN + 7,3 % AG), 2,55 % (PfV) und 3 % (AlV). Berechnen Sie den Nettolohn!

4. Ein Mitarbeiter der Abt. Visuelles Marketing bezieht ein monatliches Bruttoentgelt von 1.850,00 €. Im Dezember bekommt er noch einmal 60 % des monatlichen Bruttoentgeltes als Weihnachtsgratifikation. Sein Arbeitnehmeranteil am Beitragssatz der gesetzlichen Krankenverssicherung beträgt 8,4 %. Ermitteln Sie wie viel € dieser Mitarbeiter jährlich an Beiträgen zur gesetzlichen Krankenversicherung abgezogen bekommt.

5. Sie beziehen ein monatliches Bruttoentgelt von 1.750,00 €. An steuerlichen Abgaben (Lohnsteuer, Kirchensteuer und Solidaritätszuschlag) werden Ihnen 278,34 € abgezogen. Der Arbeitnehmeranteil zur gesetzlichen Sozialversicherung beläuft sich auf 358,31 €.
   Ermitteln Sie, wie viel Prozent des Bruttoentgelts Sie am Monatsende netto ausbezahlt bekommen!

6. Ein Azubi erhält nach erfolgreichem Berufsabschluss die erste, nachstehend auszugsweise beschriebene Entgeltabrechnung:

Bruttogehalt 1.650,00 €   Lohnsteuer 146,85 €

Kirchensteuer 13,22 €   Solidaritätszuschlag 8,08 €

Krankenversicherung 138,60 €   Pflegeversicherung 21,04 €

Rentenversicherung 153,45 €   Arbeitslosenversicherung 24,75 €

a) Ermitteln Sie das Nettoentgelt dieses Mitarbeiters!

b) Ermitteln Sie, wie viel Prozent des Bruttogehaltes die gesamten Abzüge betragen!

c) Geben Sie an, wie viel € der Arbeitgeberanteil zur gesetzlichen Rentenversicherung dieses Mitarbeiters beträgt!

7. Auszug einer Brutto-/Netto-Entgeltabrechnung

Bruttolohn bzw. –gehalt	1.400,00 €
+ vermögenswirksame Leistung	20,00 €
= **Bruttolohn/-gehalt** (ges.)	1.420,00 €
- Lohnsteuer	126,38 €
- Kirchensteuer	11,37 €
- Solidaritätszuschlag	6,95 €
- Krankenversicherung	119,28 €
- Pflegeversicherung	
- Rentenversicherung	132,06 €
- Arbeitslosenversicherung	21,30 €
= **Nettolohn/-gehalt**	
- Bausparvertrag	40,00 €
= **Auszahlungsbetrag**	

Ein Werbegestalter, 23 Jahre alt, ledig, keine Kinder, bekommt sein erstes Entgelt als ausgelernte Kraft.

a) Ermittelt Sie den Betrag, den der Arbeitgeber an Sozialversicherung insgesamt an das Finanzamt überweisen muss!

b) Ermitteln Sie den in der Entgeltberechnung fehlenden Arbeitnehmer-Anteil zur gesetzlichen Pflegeversicherung. Verwenden Sie dazu nachstehenden Beitragssatz-Auszug.

Versicherungsart	Beitragssatz (davon AG und AN je 50 %)	Zusätzlicher Beitragssatz für Kinderlose (nur AN)
Pflegeversicherung	2,55 %	0,25 %

   c) Es wurden 132,06 € als Beitrag zur gesetzlichen Rentenversicherung abgezogen. Von welchem Betrag wurde dieser Beitrag als Prozentsatz berechnet?

   d) Wie viel € wurden ihm in diesem Monat ausgezahlt?

8. Für den Aufbau eines Messestandes benötigten 4 Gestalter und 2 Auszubildende 3 Arbeitstage. Sie arbeiten täglich von 8:00 Uhr bis 17:00 Uhr mit einer Frühstückspause von 15 Minuten, einer Mittagspause von 30 Minuten und einer Kaffeepause von 15 Minuten.
Ein Gestalter wird mit 25,00 € pro Stunde berechnet, ein Auszubildender erhält die Hälfte.
Ermitteln Sie die Personalkosten in € für diese Arbeiten!

9. Eine neue Mitarbeiterin erhält ein monatliches Bruttoentgelt von 1.500,00 €. Laut Arbeitsvertrag erhält sie nach Ende der Probezeit eine Entgelterhöhung von 2 %. Ab Juli des folgenden Jahres ist eine Erhöhung von weiteren 3 % vorgesehen.
Ermitteln Sie, wie viel € Bruttoentgelt diese Mitarbeiterin nach der 2.Entgelterhöhung insgesamt erhält!

10. Eine angestellte Werbegestalterin bezieht ein monatliches Bruttoentgelt von 1.880,00 €, 60 % eines monatlichen Bruttoentgeltes als Urlaubsgeld und 80 % des monatlichen Bruttoentgeltes als Weihnachtsgeld. Ihr anteiliger Arbeitnehmer-Beitragsatzes zur gesetzlichen Krankenversicherung beträgt 8,4 %. Ermitteln Sie, wie viel € der Werbegestalterin jährlich an Beiträgen zur gesetzlichen Krankenversicherung abgezogen werden.

11. Nachstehend ist auszugsweise eine Entgeltabrechnung abgebildet:

Bruttoentgelt	1.800,00 €
Lohnsteuer	312,30 €
Kirchensteuer	28,11 €
Solidaritätszuschlag	17,18 €
Krankenversicherung	151,20 €
Pflegeversicherung	22,95 €
Rentenversicherung	167,40 €
Arbeitslosenversicherung	27,00 €

   a. Ermitteln Sie, wie viel Prozent des Bruttoentgeltes die gesamten Abzüge betragen.

   b. Geben Sie an, wie viel € der Arbeitgeberanteil zur gesetzlichen Rentenversicherung beträgt.

Lohn und Gehalt

12. Für einen Monat mit 21 Arbeitstagen (5-Tage-Woche), in dem noch 12 Überstunden (mit 50 % Zuschlag) anfielen, bekam der Mitarbeiter nach Abzug von 40 % des Bruttolohnes 1.633,50 € ausgezahlt.
    Wie hoch ist der Brutto-Stundenlohn dieses Mitarbeiters (35-Stunden-Woche)?

13. Ein neuer Mitarbeiter bekommt ein Bruttogehalt von 2.860,00 € pro Monat. Der 31-Jährige ist ledig, hat keine Kinder und ist Mitglied der evangelischen Kirche.
    Weitere Informationen:

Sozialversicherungsbeiträge	Beitragsbemessungsgrenzen
Krankenversicherung (KV) 15,7 %	Renten- und Arbeitslosenversiche-
Rentenversicherung (RV) 18,6 %	rung: 5.500,00 € monatlich
Arbeitslosenversichg. (AlV) 3,0 %	Kranken- und Pflegeversicherung:
Pflegeversicherung (PfV) 2,55 %	3.712,50 € monatlich
Lohnsteurer (LSt) 19,2 %	Solizuschlag 5,5 %
	Kirchensteuer 9,0 %

Der Anteil, den Arbeitnehmerinnen und Arbeitnehmer bei der Krankenversicherung leisten, liegt um 1,1 % über dem Arbeitgeberanteil. Für Kinderlose über 23 Jahre erfolgt bei der Pflegeversicherung ein Beitragszuschlag von 0,25 %, den grundsätzlich der Arbeitnehmer allein trägt.

Ermitteln Sie folgende Werte zur Gehaltsabrechnung des neuen Mitarbeiters:
a. monatliche Lohnsteuer
b. Arbeitnehmerbeitrag zur Rentenversicherung
c. Arbeitnehmerbeitrag zur gesetzlichen Pflegeversicherung
d. das Nettogehalt.

22. Gesetzliche Abgaben des Veranstalters

Die Kalkulation eines Events kann recht kompliziert und umfassend sein, besonders dann, wenn dieses Ereignis größeren Ausmaßes ist. Eine detaillierte Kalkulation im Vorfeld ist unerlässlich, jedoch nicht einfach. Bei ungewissen Teilnehmerzahlen hat das u. a. Auswirkungen auf Catering, Personal, Logistik oder Service, - auch auf die Kosten. Bei aller Komplexität dieser Kalkulation dürfen gesetzlich vorgeschriebenen Abgaben und Gebühren nicht vernachlässigt werden. Dazu zählen neben der Versicherung die GEMA-Gebühren und die Künstlersozialabgaben.

22.1. GEMA-Gebühren

Die Gesellschaft für musikalische Aufführungs- und mechanische Vervielfältigungsrechte (kurz: GEMA) ist eine Verwertungsgesellschaft für Komponisten, Texter und Musikverleger und hat die Aufgabe, die Nutzungsrechte der Musik schaffenden zu verwalten und ihnen eine entsprechende Vergütung zu gewährleisten. Das heißt, Sie erteilt Lizenzen, wenn urheberrechtlich geschützte Musik öffentlich aufgeführt wird. Dafür fordert die GEMA eine entsprechende Vergütung ein und leitet diese an die Betreffenden Musik schaffenden weiter.

Doch was ist öffentlich? Sinngemäß kann gesagt werden, dass eine Musiknutzung bereits als öffentlich gilt, wenn zwei Personen Musik hören, die nicht miteinander verwandt oder eng befreundet sind.

Damit ist festgeschrieben, dass dicht nur Tanzabende und Konzerte meldepflichtig sind, auch Vereinsfeiern, musikalische Untermalung in Kaufhäusern, Wartezimmern von Arztpraxen, - eigentlich jede Nutzung von Musik (außer privat) muss lizenziert werden.

Verantwortlich dafür ist immer der Veranstalter.

Die GEMA-Gebüren können aus einer Vielzahl von Tariftabellen ermittelt werden. Kriterien wie Größe der Veranstaltungsfläche, geschlossene Räumlichkeiten oder Freifläche, Höhe der Eintrittsgelder, Anzahl der Besucher, Livemusik oder Musik von Tonträgern, Dauer der Veranstaltung .

Beispielaufgabe:

Ein Unternehmen veranstaltet nach einer erfolgreichen Produkteinführung eine Feier in einem 510 m² großen Saal. Im Eintrittspreis von 20,00 € ist die Nutzung eines Buffets enthalten. Für die musikalische Umrahmung wurde eine Discjockey verpflichtet..

Berechnen Sie, die Höhe der Lizenzvergütung, die an die GEMA abzuführen ist.

(Tariftabelle M-V auf der nächsten Seite)

Tarif

Vergütungssätze M-V

Für Unterhaltungs- und Tanzmusik mit Tonträgerwiedergabe mit Veranstaltungscharakter

01.01.2017 (8)

Nettobeträge zuzüglich z. Zt. 7 % Umsatzsteuer

I. Allgemeines

1. Geltungsbereich

Die Vergütungssätze M-V finden - unabhängig von der Art der Veranstaltung und unabhängig in welchem Zusammenhang die Musikwiedergabe stattfindet - für einzelne Wiedergaben mit Tonträgern mit Veranstaltungscharakter Anwendung.

2. Berechnung

Die Vergütungssätze in Abschnitt II werden je Wiedergabe bzw. Veranstaltung berechnet. Sollte die Wiedergabe / Veranstaltung länger als 24 Stunden andauern, wird jeder Kalendertag als eigene Veranstaltung berechnet. Die Vergütungssätze in Abschnitt II gelten für Wiedergaben mit einer Gesamtdauer von bis zu 8 Stunden. Bei Wiedergaben, die länger als 8 Stunden dauern, erhöhen sich die Vergütungssätze um 25 % der jeweiligen Basisvergütung (ohne Zeitzuschlag) je weitere 2 Stunden. Veranstaltungspausen, die länger als 15 Minuten dauern, werden bei der Berechnung der Zeitdauer abgezogen.

Die Größe des Veranstaltungsraumes wird von Wand zu Wand (inkl. Ein- und Aufbauten) zuzüglich der Flächen von Emporen, Balkonen u. Ä. gemessen, sofern diese Nutzungsbestandteile der Veranstaltung sind.

Quelle: www.GEMA.de

GEMA Tarif M-V für Unterhaltungs- und Tanzmusik mit Tonträgerwiedergabe

II. Vergütungssätze

1. Vergütungssatz je Veranstaltung/Wiedergabe in €

Größe des Veranstaltungsraumes	Vergütung je Aufführung / Veranstaltung in €	
	Mindestvergütung oder bei bis zu 2,00 € Eintrittsgeld/sonstiges Entgelt	je weitere 1,00 € Eintrittsgeld/sonstiges Entgelt
bis 100 qm	23,30	6,67
bis 200 qm	46,60	13,33
bis 300 qm	69,90	20,00
bis 400 qm	93,20	26,67
bis 500 qm	116,50	33,33
je weitere 100 qm	23,30	6,67

Als Bemessungsgrundlage wird bei unterschiedlichen Eintrittsgeldern jeweils das höchste Eintrittsgeld berücksichtigt.

Sofern im Eintrittsgeld ein Menü- bzw. Buffetanteil inkludiert ist (Arrangement-Preis), wird dies mit einem Anteil von 2/3 des Eintrittspreises pauschal oder – sofern der pauschalierte Abzug niedriger oder höher ist als die tatsächlichen Kosten – mit den tatsächlichen Kosten in Abzug gebracht.

Lösung:

1.) Wir wählen den zutreffenden Tarif aus: Vergütungssätze M-V

2) Größe des Saales: 510 m²; Eintrittspreis : 20,- €.
Da in diesem Preis der Buffetanteil enthalten ist, werden lt. Fußnote der Tariftabelle dafür $^2/_3$ in Abzug gebracht.
Bleibt ein anrechnungsfähiger Preis von 6,67 €, rund 7,- € .

3) Basistarif für 500 m² und 2,- € Eintritt   =   116,50 €
für die angefangenen 100 m² zusätzlich   =   23,30 €

4) 5,- € mehr als im Basistarif • (33,33 € + 6,67 [3]) =   200,00 €

5.) Netto: 339,80 €

6) + 7 % Umsatzsteuer =   23,77 €

7) GEMA-Gebühr (brutto).   363,57 €

Wichtig ist, die Fußnoten zu lesen und zu beachten!

22.2.   Künstlersozialabgabe

Die Realisierung geplanter Marketingmaßnahmen ist häufig nur durch den Einsatz externer Dienstleister möglich. Das kann der Grafiker sein, der ein Logo entwirft, der Fotograf für ein Fotoshooting, ein Komponist und andere mehr. Die Vergabe von bestimmten Projektabschnitten in fremde Hände ist kann zwingend notwendig sein, wenn man selbst nicht über ausreichende Spezialkenntnisse verfügt bzw. entsprechendes Know-how fehlt. Obwohl solche externen Dienstleistungen Zeit und Kosten sparen, ergeben sich finanzielle Belastungen, die kalkuliert werden und dem Auftraggeber bekannt sein müssen, da er sie letztendlich bezahlen muss.

So fallen neben den Honoraren, Gagen usw. auch Abgaben für die Künstlersozialversicherung an. Diese Versicherung bietet Künstlern und Publizisten Schutz in der gesetzlichen Kranken-, Pflege- und Rentenversicherung. Die Finanzierung erfolgt zu 50 % durch den Versicherten und 20 % durch staatlichen Zuschuss. 30 % werden von der **Künstlersozialabgabe** erbracht. Diese Abgabepflicht haben alle Unternehmen, die Werke oder Leistungen selbstständiger Künstler und Publizisten verwerten.

Die Berechnung der Künstlersozialabgabe erfolgt nach einem Prozentsatz, der jährlich bis zum 30.09. durch das Bundesministerium für Arbeit und Soziales neu festgelegt wird. 2015 und 2016 betrug er 5,2 %, 2017 sank er auf 4,8 % und verringerte er sich für **2018 auf 4,2 %**.

Bei der Berechnung der Künstlersozialabgabe ist Folgendes zu beachten:

Abgabepflichtig sind z. B.	**Nicht abgabepflichtig** sind
Gagen	Umsatzsteuer
Honorare	Zahlungen an juristische Personen (wie
Sachleistungen	z. B. GmbH)
Materialkosten, Fremdkosten,	Zahlungen an Verwertungsgesellschaften
Transportkosten, wenn sie im	(z. B. GEMA)
Zusammenhang mit der kreati-	Steuerfreie Aufwandsentschädigung (z. B.
ven Leistung stehen	eigene Reise- u. Bewirtungskosten)
	Fremdkosten, die nicht der kreativen Leis-
	tung entstammen (z. B. Vervielfältigungs-
	u. Druckkosten)

Beispielaufgabe:
Die creative media GmbH erhält von einem selbstständigen Künstler nebenstehende Rechnung.
Berechnen Sie die Höhe des an die Künstlersozialkasse abzuführenden Betrags in €.

Rech.-Datum 30.01.2018

Für meine Darbietung am 21.01.2018 berechne ich Ihnen:

Honorar	1.800,00 €
Reise- und Übernachtungskosten	342,00 €
Nettobetrag	2.142,00 €
19 % Umsatzsteuer	406,98 €
Rechnungsbetrag	2.548,98 €

Lösung:
Da ausgewiesene Umsatzsteuer und eigene Reisekosten nicht abgabepflichtig sind, erfolgt die Berechnung auf der Grundlage eines abgabepflichtigen Entgeltes von 1.800,00 €.
1.800,00 € • 4,2 % = <u>**75,60 € Künstlersozialabgabe**</u>

Übungsaufgaben:

1. Ein Fotograf stellt der creative media GmbH folgende Rechnung. Berechnen Sie die Höhe des an die Künstlersozialkasse abzuführenden Betrags. (Für alle drei Aufgaben rechnen wir mit dem Abgabesatz des Jahres 2018: 4,2 %.)

Bildrechte für 1 Jahr	500,00 €
Model	1.200,00 €
Reisekosten Fotograf	25,00 €
Reisekosten Model	120,00 €
Nettobetrag	1.995,00 €
19 % Umsatzsteuer	379,05 €
Rechnungsbetrag	2.374,05 €

2. Die Rechnung eines Werbegrafikers für die Gestaltung einer Messe-Broschüre enthält folgende Positionen:

Vorgespräche zum Inhalt der Broschüre	400,00 €
Entwurf, Gestaltung, Layout	2.850,00 €
Druckkosten (2.000 Stück)	12.000,00 €
Nettobetrag	15.250,00 €
19 % Umsatzsteuer	2.897,50 €
Rechnungsbetrag	18.147,50 €

Berechnen Sie die Höhe der Künstlersozialabgabe für diese Rechnung.

3. Ein Möbelhersteller plant zur Pflege des Kundenkontaktes die Präsentation seiner neusten Produktserie in einem 400 m² großen Festsaal mit ca. 200 geladenen Gästen und mit Livemusik zu eröffnen. Für die musikalische Umrahmung habe Sie dafür folgendes Angebot einer Band bekommen.

1	Gage der Band (4 Pers./3 h)	1.200,00 EUR
2	Reisekosten	220,00 EUR
3	Bewirtung	200,00 EUR
4	Equipment	680,00 EUR
	Gesamtleistung	2.300,00 EUR

Für diesen Auftritt muss Ihr Auftraggeber GEMA-Gebühren und Künstlersozialabgaben abführen. Informieren Sie ihn über die Höhen …(Siehe nächste Seite!)

GEMA-Gebühren & Künstlersozialabgaben

a) der Künstlersozialabgabe und
b) der GEMA-Gebühren.
   (Für Aufgaben 3 und 4 die folgende Tariftabelle verwenden.)

4. Die Marketinggesellschaft plant eine Show mit Bühne, Band und Moderation in der 1.000 m² großen Festhalle. Der Eintrittspreis wird mit 13,00 € kalkuliert. Ermitteln Sie die Höhe der Lizenzvergütung, die an die GEMA abzuführen ist.

Für Veranstaltungen mit Live-Musik

Tarifauszug für Veranstaltungen mit Unterhaltungs- und Tanzmusik *

Größe des Veranstaltungsraumes	Eintrittsgeld oder sonstiges Entgelt										
	ohne oder bis zu 2,00 €	bis zu 3,00 €	bis zu 4,00 €	bis zu 5,00 €	je weitere 1,00 € bis zu 10,00 €	10,00 €	je weitere 1,00 € bis zu 20,00 €	20,00 €	je weitere 1,00 € bis 30,00 €	30,00 €	je weitere 1,00 € ab 30,01 €
bis 100 m²	23,30	29,97	36,64	43,31	6,67	76,66	6,00	136,66	5,34	190,06	4,67
200 m²	46,60	59,93	73,26	86,59	13,33	153,24	12,00	273,24	10,68	380,04	9,34
300 m²	69,90	89,90	109,90	129,90	20,00	229,90	18,00	409,90	16,02	570,10	14,01
400 m²	93,20	119,87	146,54	173,21	26,67	306,56	24,00	546,56	21,36	760,16	18,68
500 m²	116,50	149,83	183,16	216,49	33,33	383,14	30,00	683,14	26,70	950,14	23,35
600 m²	139,80	179,80	219,80	259,80	40,00	459,80	36,00	819,80	32,04	1.140,20	28,02
700 m²	163,10	209,77	256,44	303,11	46,67	536,46	42,00	956,46	37,38	1.330,26	32,69
800 m²	186,40	239,74	293,08	346,42	53,34	613,12	48,00	1.093,12	42,72	1.520,32	37,36
900 m²	209,70	269,71	329,72	389,73	60,01	689,78	54,00	1.229,78	48,06	1.710,38	42,03
1000 m²	233,00	299,68	366,36	433,04	66,68	766,44	60,00	1.366,44	53,40	1.900,44	46,70
1500 m²	349,50	449,53	549,56	649,59	100,03	1.149,74	90,00	2.049,74	80,10	2.850,74	70,05
2000 m²	466,00	599,38	732,76	866,14	133,38	1.533,04	120,00	2.733,04	106,80	3.801,04	93,40
2500 m²	582,50	749,23	915,96	1.082,69	166,73	1.916,34	150,00	3.416,34	133,50	4.751,34	116,75
3000 m²	699,00	899,08	1.099,16	1.299,24	200,08	2.299,64	180,00	4.099,64	160,20	5.701,64	140,10

gültig vom 01.01.2017 bis 31.12.2017

* Diese Vergütungen gelten nicht bei Konzerten sowie bei Veranstaltungen im Freien ohne Eintritt wie Bürger-, Straßen-, Dorf- und Stadtfesten. Hier finden die Vergütungssätze U-K bzw. U-ST Anwendung.

* Bei Veranstaltungen mit Musik von Original-CDs u. Ä. erhöhen sich die Vergütungen um 20 Prozent im Auftrag der Gesellschaft zur Verwertung von Leistungsschutzrechten mbH (GVL). Bei Live-Musikveranstaltungen, bei denen zusätzlich, z. B. in den Pausen, Musik von Original-CDs u. Ä. wiedergegeben wird, erhöhen sich die Vergütungssätze um 10 Prozent im Auftrag der GVL. Übersteigt der Einsatz von Tonträgern die Live-Musik, so erhöhen sich die Vergütungssätze der GVL auf 20 Prozent.

* Bei Überschreitung bestimmter Zeiten können Zuschläge zu den genannten Tarifen anfallen.

* Für Veranstaltungen vor geladenen Gästen (wie z.B. Firmenjubiläen, Empfänge, Werbeveranstaltungen, Produktpräsentationen etc.), bei denen der Veranstalter kein Eintrittsgeld oder sonstiges Entgelt erhebt, werden die Aufwendungen für musikalische Darbietungen (wie z.B. Künstlerhonorare, Aufwendungen für die Bühne und die Technik, Moderatoren, DJs etc.) durch die Anzahl der geladenen Gäste dividiert. Dieses Ergebnis bildet ein fiktives Entgelt, welches zur Findung des Tarifbetrages herangezogen wird.

Alle ausgewiesenen Vergütungen sind Nettobeträge und erhöhen sich um 7 Prozent gesetzliche Umsatzsteuer. Sofern Sie Mitglied bei einem Gesamtvertragspartner der GEMA sind, erhalten Sie einen zusätzlichen Nachlass von 20 Prozent.

Quelle: www.GEMA.de

23.   Elektrische Energie

Elektroenergie ist ein wichtiger Faktor bei der Kalkulation von Betriebskosten. Sie ist aber auch eine unverzichtbare Ressource für das visuelle Marketing. Elektroenergie ist für das Betreiben elektrischer Arbeitsgeräte (Sägen, Bohr- und Nähmaschinen, Bügeleisen, Reproduktionsapparatur etc.) genau so notwendig wie für die richtige Be- und Ausleuchtung von Warenpräsentationen (Schaufenster, Verkaufs- und Messestände etc.).

23.1.   Elektrische Leistung und Stromkosten

Elektrische Leistung ist das Produkt aus Spannung mal Strom. Die Maßeinheit dafür ist Watt.

Wenn wir davon ausgehen, dass uns in der Regel für die Benutzung der elektrischen Geräte in der Werkstatt oder auch bei der Beleuchtung für Schaufenster eine Spannung von 220 Volt zur Verfügung steht, dann entscheidet doch der zweite Faktor Stromstärke (Ampere) über die elektrische Leistung (Watt), ein höherer Strom bedeutet schließlich mehr Leistung.

Betrachten wir diesen Zusammenhang einmal umgekehrt. Wir verwenden bei der Beleuchtung z.B. 40-Watt-Glühlampen, 60-Watt- oder 100-Watt-Lampen. Je größer diese Leistungsangabe ist, desto heller leuchtet die Lampe auch. Da wir jedoch nur eine konstante Spannung von 220 Volt (bzw. 230 V) haben, kann diese größere Leistung doch auch nur entstehen, wenn mehr Strom fließt. Die Benutzung elektrischer Geräte bedeutet also Stromverbrauch, mehr oder weniger, und damit fallen Kosten an, geleistete elektrische Arbeit muss bezahlt werden.

Diese Abrechnung erfolgt in Kilowattstunden (kWh). Ein Verbrauch von einer Kilowattstunde entsteht, wenn ein 1000-Watt-Gerät eine Stunde betrieben wurde. (1 Kilowatt = 1.000 Watt)

Beispielaufgabe:

Wie viel Kosten entstehen, wenn ein Werkstattraum durch 15 Leuchtstoffröhren mit je 36 Watt 9 Stunden beleuchtet wird und die kWh 19,9 Cent kostet?
Lösung:

1 Lampe	1.000 W	1 h	19,9 ct
15 Lampen	36 W	9 h	x ct

$$x = \frac{15 \bullet 36 \bullet 9 \bullet 19,9}{1 \bullet 1.000 \bullet 1} = 96,714 \text{ ct} \approx 97 \text{ ct}$$

Lichtstrom & Beleuchtungsstärke ‖

Übungsaufgaben:

1. Die elektrischen Werkzeuge einer Werkstatt haben insgesamt eine Leistungsaufnahme von 2.000 Watt und sind täglich 8 Stunden in Betrieb.
Wie hoch sind die Stromkosten in einer 5-Tage-Arbeitswoche bei einem kWh-Preis von 18,8 ct?

2. Die Beleuchtung in der Werkstatt wird von normalen Glühlampen auf Sparlampen umgestellt. Die bisherigen 10 Stück 100-Watt-Glühlampen werden durch 40-Watt-Lampen ersetzt. Die Lampen sind innerhalb eines Jahres an 254 Tagen durchschnittlich 5 h täglich in Betrieb.
Welche Einsparung ergibt sich wenn der Preis 1 kWh = 16,9 ct beträgt?

3. In einem Warenhaus werden die Verkaufsräume von insgesamt 240 Leuchtstoffröhren zu je 36 Watt und 60 Glühlampen zu je 100 Watt beleuchtet.
   a. Wie hoch ist der Stromverbrauch innerhalb eines Monats, wenn wir von 25 Betriebstagen und einem täglichen Betrieb von 10 Stunden ausgehen?
   b. Wie hoch sind die monatlichen Stromkosten, wenn 1 kWh 0,12 € kostet?

4. In einer Marketing-Werkstatt sind folgende elektrischen Verbraucher im Einsatz:
   - 1 Computerarbeitsplatz mit 550 Watt
   - 1 Nähmaschine mit 260 Watt
   - 1 Bügeleisen mit 400 Watt
   - 1 Radio mit 40 Watt
   - 6 Deckenleuchten zu je 100 Watt

   Alle Verbraucher sind am Tag 7,5 Stunden in Betrieb. Den Monat berechnen wir mit 21 Arbeitstagen.
   a. Wie hoch ist der monatliche Stromverbrauch?
   b. Welche monatlichen Stromkosten entstehen bei einem Preis von 16,5 ct je kWh?

5. Zur Beheizung eines Werkstattraumes wird ein Radiator benutzt, der eine Leistungsaufnahme von 2.200 kW besitzt und der von Montag bis Donnerstag je 4 Stunden in Betrieb ist, am Freitag sind es nur 2 Stunden.
Wie viel Heizungskosten fallen innerhalb eines Jahres an, wenn wir von 46 Arbeitswochen und einem Strompreis von 15,8 ct je kWh ausgehen?

6. Wie lange war ein Kompressor von 500 Watt in Betrieb, wenn bei einem Strompreis von 0,16 € je kWh 10 € Kosten angefallen sind?

23.2. Lichtstrom und Beleuchtungsstärke

Licht zählt neben den Farben mit zu den wichtigsten Gestaltungsmitteln in der Werbung. Statistiken besagen, dass ca. 70 % der Werbewirkung vom Licht abhängen. Grund genug, die Waren stets ins richtige Licht zu setzen, - und das im wahrsten Sinne des Wortes, denn Licht macht die Ware erst sichtbar, macht die Warenpräsentation erst wahrnehmbar. Bei einer richtigen Beleuchtung und durch eine spezielle Ausleuchtung werden Effekte, Stimmungen und Wirkungen erzielt, die ein unverzichtbares Mittel der Verkaufsförderung darstellen. Aus diesem Grund ist es wichtig, dass das Licht von Beginn an in die Planung einer Warenpräsentation einbezogen wird.

Dabei spielt die Art der Lichtquellen eine ebenso entscheidende Rolle wie die einzusetzenden Beleuchtungsstärken.

Bei der Beleuchtungsart wird nach Allgemeinbeleuchtung, Akzentbeleuchtung und Effektbeleuchtung unterschieden.

Die Allgemeinbeleuchtung hat die Aufgabe, den Raum auszuleuchten. Deshalb genügen hier oft schon einfache Glühlampen und Leuchtstoffröhren.

Die Akzentbeleuchtung setzt gebündeltes Licht (z.B. Punktstrahler) ein, um Wichtiges und Neues hervorzuheben, um Stimmungen und Wirkung zu erzeugen bzw. zu verstärken.

Die Effektbeleuchtung soll dagegen zusätzliche Aufmerksamkeit erzeugen und sich von der Umgebung abheben. Das wird erreicht, indem bewegtes, blinkendes und farbiges Licht eingesetzt wird. Auch ganze computergesteuerte Lichtprogramme werden dazu vom Gestalter für visuelles Marketing entwickelt.

Bei der Auswahl der Beleuchtungsart sind weitere lichttechnische Werte zu beachten.

Unter anderem spielen folgende Größen eine entscheidende Rolle.

    a.   Lichtstrom: (Maßeinheit: Lumen; lm)
            Damit wird die gesamte Lichtleistung einer Lichtquelle bewertet.

    b.   Beleuchtungsstärke: (Maßeinheit: Lux; lx)
            Das auf einer Fläche auftreffende Licht wird in Lux gemessen.

Als Richtwerte für die Beleuchtungsstärke (lx) eines Schaufensters gelten:

	in Großstädten	in Kleinstädten	auf dem Lande
in ruhigen und unbelebten Straßen	200 – 400 Lux	150 – 300 Lux	-----
für eine mittelmäßig belebte Straße	400 – 800 Lux	300 – 500 Lux	100 – 200 Lux
für eine stark belebte Hauptgeschäftsstraße	800 – 1.500 Lux	500 – 800 Lux	200 – 400 Lux

Diese Beleuchtungsstärken werden errechnet, indem der Lichtstrom (lm) durch die zu beleuchtende m²-Fläche dividiert wird.

Und umgekehrt: Der Lichtstromwert (lm) ergibt sich aus dem Produkt der erforderlichen Beleuchtungsstärke (lx) multipliziert mit der m²-Fläche.

Formel:

$$lx = \frac{lm}{m^2} \quad \text{und} \quad lm = lx \bullet m^2$$

Ein weiteres Kriterium bei der Auswahl der Beleuchtungskörper muss die wirtschaftliche Nutzung sein. Das heißt, eine maximale Lichtleistung ist mit minimalen Stromkosten anzustreben. Optimal sind also Lichtquellen, die trotz einer geringen Leistungsaufnahme, einem niedrigen Stromverbrauch (Watt) viel Helligkeit ausstrahlen, eine hoher Lichtleistung erbringen (Lumen).

Vergleich einiger Lampen mit einem Lichtstrom >= 1.000 Lumen			
„Normale" Glühlampe	100 W	1.340 Lumen	Das Verhältnis von Lumen zu Watt entscheidet über die wirtschaftliche Lichtausbeute.
Halogenlampe	77 W	1.320 Lumen	
Energiesparlampe	23 W	1.371 Lumen	
LED-Lampe	10 W	ca. 1.000 Lumen	

Beispielaufgabe:

Das Schaufenster eines an einer mittelmäßig belebten Straße einer größeren Stadt liegenden Geschäftes hat eine Grundfläche von 8 m² und soll mit herkömmlichen 40-Watt-Lampen mit 415 Lumen ausgeleuchtet werden.

Wie viel Lampen müssen eingesetzt werden?

Lösung:

Aufgrund der Geschäftslage gehen wir von einer notwendigen Beleuchtungsstärke von 600 Lux aus.

Daraus folgt die Rechnung: $600 \text{ lx} \cdot 8 \text{ m}^2 = 4.800 \text{ lm}$

und weiter: $4.800 \text{ lm} : 415 \text{ lm/Lampe} = 11,5... \approx \underline{\underline{12 \text{ Lampen}}}$

Übungsaufgaben:

1.   Das Schaufenster eines Warenhauses in einer sehr stark belebten Hauptge-schäftsstraße ist 12 m² groß und soll mit LED-Sparlampen ausgeleuchtet werden.
      Wie viel 13-Watt-Lampen mit 1.000 lm sind erforderlich?

2.   Berechnen Sie die erforderliche Lampenzahl für ein Schaufenster, das in einer Hauptgeschäftsstraße einer Großstadt liegt und deshalb mit 1.200 Lux ausgeleuchtet werden soll. Die Schaufensterfläche ist 16 m² groß. Es sollen Leuchtstofflampen mit 40 Watt und 3.500 Lumen eingesetzt werden

3.   Mit wie viel Lux beleuchten 3 Stück 100-Watt-Glühlampen und je 1.340 Lumen eine Ausstellungsvitrine mit einer Grundfläche von 5 m²?

4.   Ein Kaufhaus hat insgesamt 12 Schaufenster mit je 18 m² zu beleuchtende Grundfläche. Da das Geschäft in einer stark belebten Geschäftsstraße einer Kleinstadt liegt, planen wir mit einer Beleuchtungsstärke von 800 Lux pro Schaufenster.
      a.   Wie viel Leuchtstofflampen TC-EL mit 55 Watt und 4.800 Lumen sind für jedes Schaufenster notwendig?
      b.   Welche Stromkosten entstehen für die 12 Schaufenster im Monat (30 Tage), wenn die Lampen täglich 11 h brennen müssen und die kWh 14,9 Cent kostet?

5. In der DIN 5035/ONORM O 1040 sind die Mindestwerte für künstliche Beleuchtung in Innenräumen der verschiedensten Arbeitsbereiche festgelegt. Daraus ergibt sich, dass für einen von Ihnen zu gestaltenden Raum 5.500 bis 6.000 Lumen erforderlich sind. Welche der folgenden Alternativen ist aus wirtschaftlicher Sicht die günstigste?

a) 4 Glühlampen   je 100 Watt   1.360 Lumen   220 Volt
b) 5 Energiesparlampen je 20 Watt   1.200 Lumen   220 Volt
c) 7 NV-Halogenlampen je 50 Watt   800 Lumen   12 Volt
d) 13 LED-Leuchten   je   4 Watt   440 Lumen   12 Volt

6. Zur optimalen Ausleuchtung der neu gestalteten Innenräume entscheiden Sie sich für Lampen mit hoher Wirtschaftlichkeit.

Durch welches Verhältnis lässt sich die Wirtschaftlichkeit einer Lichtquelle bestimmen?

a) Durch die Höhe des Verhältnisses Lumen zu Volt
b) Durch die Höhe des Verhältnisses Lumen zu Ampere
c) Durch die Höhe des Verhältnisses Lux zu Ampere
d) Durch die Höhe des Verhältnisses Lux zu Volt
e) Durch die Höhe des Verhältnisses Lumen zu Watt

7. Für den Aufbau eines Messestandes (6 m x 3 m) wurde eine Grundausleuchtung von 600 lx ermittelt. Zur Verfügung haben Sie LED-Strahler MR 16, 12 V, 4 W (440 lm), die als Deckenbeleuchtung eingebaut werden sollen. . Berechnen Sie die erforderliche Anzahl an LED-Strahlern.

8. Wie könnten Sie als „Faustregel" die Anzahl der einzusetzenden LEDs (13 Watt Leuchtmittel mit 1.000 lm) nennen, wenn aufgrund der Beleuchtungsstärke in der näheren Umgebung von 1.000 Lux ausgegangen wird.

24. Videowall - leuchtende und bewegte Werbung

Ein Event, eine Show oder Ausstellung ist ohne den Einsatz einer Videowall kaum noch denkbar. Immer wichtiger wird die Videowall aber auch als aufmerksamkeitsstarkes Medium bei der Indoor- wie auch bei der Outdoor-Werbung. Statische Werbeflächen werden in Zukunft immer mehr durch Videowalls ersetzt werden.

Im Vorfeld eines Einsatzes ist die Frage nach der optimalen Größe zu beantworten. Der Faktor Größe bestimmt maßgeblich über die Kosten, unabhängig, ob die Videowall gekauft oder gemietet werden soll. Neben dem Budget sind auch der Einsatzzweck, die zu erwartende Besucheranzahl und der Einsatzort entscheidend für die **optimale Größe der Videowall**.

Diese optimale Größe wird aus der Größe des Veranstaltungsgeländes bzw. des - raumes errechnet. Folgende Formel gibt einen Anhaltspunkt bei der Auswahl der Videowall-Größe:

> **Diagonale der Veranstaltungsfläche (m) : 3,5 ≙ Größe der Videowall (m²)**

Nicht immer ist diese Idealgröße realisierbar. Aus diesem Grund gibt es noch die Mindestgröße und die empfohlene Größe.

> Mindestgröße (m²) ≙ Diagonale (m) : 10
>
> empfohlene Größe (m²) ≙ Diagonale (m) : 5

Beispielaufgabe 1:
Ein Veranstaltungsgelände ist 120 m lang und 60 m breit.
Ermitteln Sie die Mindest-, die empfohlene und die optimale Größe für die Videowall.

Lösung:
Wir benötigen die Länge der Diagonalen. Entweder misst man sie oder ermittelt sie mathematisch mit dem „Satz des Pythagoras".
Das Ergebnis: rund 134 m.

Mindestgröße: 134 : 10 = 13,4   also <u>13,4 m²</u> (ca. 4,23 m x 3,17 m)

empfohlene Größe: 134 : 5 = 26,8   <u>26,8 m²</u> (ca. 6 m x 4,48 m)

optimale Größe: 134 : 3,5 ≈ 38,3   <u>38,3 m²</u> (ca. 7,15m x 5,35 m)

Ein weiteres Kriterium, das beim Einsatz einer Videowall beachtet werden sollte, ist der Mindestbetrachtungsabstand (auch Mindestsichtabstand).

Diese Berechnung ist recht einfach. Man muss lediglich Pixelauflösung der Videowand kennen. Das ist der Abstand zwischen den einzelnen Bildpunkten, meist als *Pixel Pitch* bezeichnet.

Die Berechnung:

$$\text{Pixelauflösung (mm)} \cdot 1.000 \triangleq \text{Mindestsichtabstand (m)}$$

Als Faustregel kann man sich auch merken:
Der Pixelabstand in mm entspricht dem Mindestsichtabstand in m.

Beispielaufgabe 2:
Aus dem Begleitpapier einer LED-Videowand kann entnommen werden, dass sie eine Pixel-Pitch von 6,67 mm hat.
Welcher Mindestsichtabstand sollte eingehalten werden?

Lösung:
6,67 mm • 1.000 = 6.670 mm = <u>6,67 m</u> Mindestbetrachtungsabstand
oder „unmathematisch", dafür aber einfach <u>6,67 mm ≙ 6,67 m</u>

Übungsaufgaben:
1) In einem Festsaal (48 m x 25 m) soll eine Videowand zum Einsatz kommen. Nach einer Anfrage bei einem Videowall-Vermieter wurde uns eine Videowand im Format 5,12 m x 3,07 m, Pixel Pitch 8 mm angeboten.
    a. Entspricht diese Wand der empfohlenen Größe?
       (Besser wäre die optimale Lösung.)
    b. Welchen Mindestabstand sollten sie Besucher von der Videowand einhalten?

2) In der Messe- und Kongresshalle soll an der Stirnwand eine 10 m breite Videowand montiert werden.
    Wie hoch muss diese in der 98 m x 39 m großen Halle sein, wenn sie ein optimales Format haben soll?

3) Im Jahr 2001 wurde in Berlin die zur damaligen Zeit größte Outdoor-Videowand Europas in Betrieb genommen. Ihre Maße sind 13 m Breite und 8 m Höhe. Damit hat die Videowand die optimale Größe für ein Blickfeld, das 300 m lang und ...
    a.   rund 128 m breit,
    b.   rund 182 m breit oder
    c.   rund 206 m breit ist.

25.   Kalkulation

Ein Unternehmen, also auch eine Marketingabteilung, hat als wirtschaftliche Hauptziele die Liquidität des Betriebes und das Erreichen von Gewinn. Beides sind wichtige Eigenschaften für das Bestehen und die erfolgreiche Weiterentwicklung des Unternehmens.

Voraussetzung einer solchen Existenz ist, dass die erzeugten Waren sowie die erbrachten Leistungen zum richtigen Preis verkauft werden. Diesen zu ermitteln ist Aufgabe der Kalkulation.

Das berufsspezifische Tätigkeitsprofil eines Gestalters für visuelles Marketing erfordert, dass er mehrere Kalkulationsarten kennen muss.

Die **Bezugskalkulation** ist, wie es schon der Name sagt, zur Berechnung des Preises da, zu dem die Marketingabteilung Materialien, Dekorations- und Werbeelemente, Werkzeuge usw. bezieht. Sie ist damit eine wichtige Grundlage für den Vergleich von Angeboten.

Die **Zuschlagskalkulation** ist dagegen ein Instrument, mit dem der Angebotspreis für eine erbrachte Arbeit berechnet wird, wie z.B. die Dekoration von Schaufenstern und Verkaufständen, die Planung und Gestaltung von Ausstellungen und Messen, die Herstellung von Dekorationselementen und vieles mehr.

25.1.   Bezugskalkulation

Die Bezugskalkulation ist ein Vergleich des Einstandspreises (Bezugspreises) zwischen verschiedenen Anbietern.

Beispielaufgabe:

Die Werkstatt der Marketingabteilung eines Warenhauses beabsichtigt den Kauf mehrerer Elektrowerkzeuge. Ihr liegen dazu zwei Angebote vor.
Angebot A: Listenpreis 590,- €; 30 % Liefererrabatt; kein Skonto; Bezugskosten 15,- €
Angebot B: Listenpreis 560,- €, 20% Liefererrabatt, 3 % Liefererskonto, Lieferung frei Haus.
Welches Angebot ist vorteilhafter?

Lösung:

	Angebot A		Angebot B	
Listeneinkaufspreis		590,00 €		560,00 €
- Liefererrabatt in %	30 %	177,00 €	20 %	112,00 €
Zieleinkaufspreis		413,00 €		448,00 €
- Liefererskonto in %	0 %		3 %	13,44 €
Bareinkaufspreis		413,00 €		434,56 €
Bezugskosten		15,00 €		0,00 €
Bezugspreis (Einstandspreis)		428,00 €		434,56 €

Erläuterungen zur obigen Bezugskalkulation:

Listeneinkaufspreis	Nettopreis aus der Preisliste des Lieferers
- Liefererrabatt in %	In der Preisliste genannter oder vereinbarter Prozentsatz für Mengen-, Treue-, Sonderrabatt.
Zieleinkaufspreis	
- Liefererskonto in %	Kann bei fristgerechter Zahlung der Rechnung gewährt werden.
Bareinkaufspreis	
Bezugskosten	Porto für Pakete, Fracht für Lkw oder Bahn, Lager-, Verpackungs- und Transportversicherungskosten
Bezugspreis (Einstandspreis)	Anbieter A ist beim obigen Beispiel um 6,56 € günstiger.

Merke:

- Die Umsatzsteuer (Mehrwertsteuer) ist nicht Bestandteil der Kostenkalkulation.

- Die Handelsspanne wird durch die Differenz zwischen Listenverkaufspreis und Einstandspreis bestimmt. D.h., die Summe aller Kosten, die dem Unternehmen durch Handlungstätigkeit entstehen (Personalkosten, Mieten, Steuern, Werbung, Verwaltungskosten, Abschreibung) plus der Gewinn bilden die Handelsspanne.

Übungsaufgaben:

1. Für 100 lfd. Meter Dekorationsstoff – DIN 4102 (schwer entflammbar) sind folgende Angebote eingegangen:
   Lieferant A: 3,89 €/m; Verpackung 18 €; Porto 9,90 €; Liefererrabatt 18%; Liefererskonto 4% innerhalb von 5 Tagen bei einem Zahlungsziel von 20 Tagen
   Lieferant B: 4,42 €/m; Verpackung 15 €; Porto 9,90 €; Liefererrabatt 30%; Liefererskonto 2% innerhalb von 5 Tagen, Zahlungsziel 20 Tage
   Bestimmen Sie den günstigeren Lieferanten!

2. Für die Bespannung eines Messestandes werden 8 Rollen Dekorationsstoff B1-DIN 4102 (schwer entflammbar) gebraucht. In einem Angebot beträgt der Listenpreis für diese 8 Rollen 818,- €.
   Ermitteln Sie den Bezugspreis, wenn der Lieferant bei Abnahme dieser Menge einen Rabatt von 15 % gibt, bei Einhaltung einer Zahlungsfrist 2 % Skonto gewährt und pro Rolle 2,50 € Bezugskosten berechnet.

3. Geplant ist der Kauf von 100 Rollen Raufaser. Es liegen 3 Angebote vor. Vergleichen Sie und ermitteln Sie das günstigste Angebot.

	Angebot A	Angebot B	Angebot C
Listenpreis (je Rolle)	5,80 €	6,10 €	5,90 €
Rabatt	8 %	9 %	7,5 %
Skonto	1,5 %	netto Kasse	2 %
Bezugskosten	Je 25 Stück 3,- €	ab 100 Stück kostenfrei	pauschal 7,- €

Kalkulation

4. Für das Anbringen einer großflächigen Außenwerbetafel mieten Sie bei einem Logistikunternehmen einen Plattenlift. Die Preisliste weist folgende Mietsätze aus: 15,- € pro Tag plus 4,50 € für die 1.Stunde, 3,50 e für die 2.Sunde, 2,75 € für die 3.Stunde und für jede weitere angefangene Stunde 2,25 €. Ausgeliehen wurde der Lift an einem Tag von 9,45 Uhr bis 15,15 Uhr.
   Wie viel € betragen die Mietkosten für diesen Tag?

5. Für den Bau eines Messestandes benötigen Sie 100 Stück MDF-Platten (5 x 2070 x 2800). Sie haben folgende Angebote eingeholt:
   Lieferant A: Listenpreis 6,99 €/Stück; Fracht 40 €; Versicherung 20 €; Verpackung 20 €; Liefererrabatt 22%; Liefererskonto 2% bei Zahlung innerhalb von 10 Tagen, Zahlungsziel 30 Tage
   Lieferant B: Listenpreis 6,50 €/Stück; Fracht 45 €; Versicherung 40 €; Liefererrabatt 20%; Zahlung in bar
   Lieferant C: Listenpreis 6,70 €/Stück; Fracht 20 €; Versicherung 15 €; Verpackung 30 €; Liefererrabatt 15%; Liefererskonto 3% bei Zahlung innerhalb von 8 Tagen, Zahlungsziel 30 Tage
   Welcher Lieferant ist der günstigste Anbieter?

	Lieferant A	Lieferant B	Lieferant C
Listeneinkaufspreis			
- Liefererrabatt			
Zieleinkaufspreis			
- Liefererskonto			
Bareinkaufspreis			
+ Fracht			
+ Verpackung			
+ Versicherung			
Einstandspreis (gesamt)			
Einstandspreis (Stück)			

6. Bei einem Kundenauftrag sind Sie für die Materialbeschaffung verantwortlich. Unter anderem werden 50 lfd. Meter Grasmatten (Grasimitat auf Gewebeträger) benötigt.
   Folgendes Angebot liegt Ihnen vor:

Angebot: Grasmatte 1,30 m breit Listenpreis: je lfd. Meter: 10,80 € Rabatt: 18 %	Skonto: 2,5 % Bezugskosten: 25,50 €

   Berechnen Sie den Bezugspreis unter Nutzung der Zahlungsbedingung. (Umsatzsteuer unberücksichtigt lassen.)

7. Für das Umhüllen von 5 Säulen einer Schaufensterpassage mit Hartfaserplatten werden nach grobem Überschlag 86 m² Platten und 215 m Holzlatten benötigt. Für die Materialbeschaffung liegen Ihnen 2 Angebote vor:
Lieferer A: Hartfaserplatten 1,89 €/m²; Holzlatten 0,35 €/m; Liefererrabatt 5 %; Lieferkosten 24,- €
Lieferer B: Hartfaserplatten 2,09 €/m²; Holzlatten 0,48 €/m; Liefererrabatt 15 %; Lieferung frei Haus
Wie viel € kostet das gesamte Material bei dem günstigeren Anbieter?
(Umsatzsteuer bleibt unberücksichtigt.)

8. Sie erhalten den Auftrag, 15 der abgebildeten Werbetafeln (5,80 m x 2,50 m) zu überarbeiten und beidseitig mit Dispersionsfarbe zu streichen. Laut Verbrauchsangabe benötigt man 0,200 Liter pro m² bei einmaligem Anstrich. Die Farbe ist in 12,5-Liter-Gebinden erhältlich und kostet 35,- € (netto).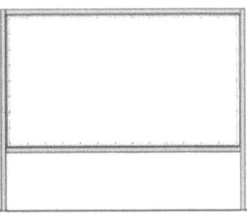
Berechnen Sie die Kosten für die Farbe, wenn der Lieferer 15 % Rabatt und 3 % Skonto gewährt. (Umsatzsteuer unberücksichtigt lassen)

25.2.   Zuschlagskalkulation

Die Zuschlagskalkulation hat ihre Bezeichnung, weil zu den Einzelkosten die Gemeinkosten über entsprechende Zuschlagssätze hinzugerechnet werden. Einzelkosten entstehen z.B. durch Stücklisten oder Vorgabezeiten und werden dem Kostenträger direkt zugeschrieben. Gemeinkosten dagegen sind indirekte Kosten. Diese werden im Betriebsabrechnungsbogen (BAB) ermittelt, indem über einen bestimmten Zeitraum alle nicht unmittelbar anzurechnenden Kosten (z.B. Kosten für Lagerung und Ausgabe von Material, Heizungs-, Energie- und Reinigungskosten, Gehälter der kaufmännischen Angestellten, Büroeinrichtungen und –material, Werbung, Porto usw.) erfasst und entsprechend eines Verteilerschlüssels den einzelnen Kostenstellen als Zuschlagsprozentsätze zugerechnet werden.

Die Zuschlagskalkulation kommt beim Berechnen der Angebotspreise (Vorkalkulation) und auch beim späteren Kontrollieren der tatsächlichen Kostenhöhe (Nachkalkulation) zur Anwendung, wobei letztere eine Gegenüberstellung (Kontrollrechnung) der Ist-Kosten mit der Vorkalkulation ist

Beispielaufgabe:

Für ein Reisebüro ist aus Styropor ein stilisiertes Hochgebirge als Werbeträger anzufertigen.

Material: Styropor 67,- €; Farbe 28,40 €; Pauschale für Kleinmaterial 4,60 €;

Arbeitszeit für Entwurf und Anfertigung: 8 Stunden zu je 16,80 €;

Materialgemeinkosten 5%; Fertigungsgemeinkosten 110%; Verwaltungsgemein-kosten 8%; Vertriebsgemeinkosten 7% und eine Gewinnspanne von 25%

Kundenrabatt 15% und Kundenskonto 2%

Zu welchem Preis bieten Sie diesen Werbeträger an?

		Vorkalkulation		Summe
Fertigungsmaterial		100,00 €		
+ Materialgemeinkosten	v.H.	5%	5,00 €	
= **Materialkosten**				105,00 €
+ Fertigungseinzelkosten		134,40 €		
= **Fertigungsgemeinkosten**	v.H.	110%	147,84 €	
= **Fertigungskosten**				282,24 €
= **Herstellkosten** (MK + FK)				387,24 €
+ Verwaltungsgemeinkosten	v.H.	8%	30,98 €	
+ Vertriebsgemeinkosten	v.H.	7%	27,11 €	
= **Selbstkosten**				445,33 €
+ Gewinnzuschlag	v.H.	25%	111,33 €	
= **Barverkaufspreis**				556,66 €
+ Kundenskonto	i.H.	2%	11,36 €	
= **Zielverkaufspreis**				568,02 €
+ Kundenrabatt	i.H.	15%	100,24 €	
= **Angebotspreis**				668,26 €

Übungsaufgaben

1. Bei der Umgestaltung der Verkaufsstände eines Warenhauses unter Berück-sichtigung von saisonalem Sortiment sind Materialkosten in Höhe von 1.500,- € und Lohnkosten von 625,- € angefallen.
   Dem BAB sind folgende Gemeinkostenzuschläge zu entnehmen: 10% Mate-rial-, 95 % Fertigungs-, 20% Verwaltungs- und 5% Vertriebsgemeinkosten. Ermitteln Sie die Selbstkosten dieser Aktion!

2.   In Verantwortlichkeit für die Marketingabteilung eines Kaufhauses planen Sie einen Jahresgewinn von 70.000,- €. Die Handelsspanne beträgt 40 %. Folgende Kosten werden kalkuliert:

Personalkosten: 145.000;- €
Zinsen: 35.000,- €
Abschreibung (AfA) 60.000,- €
Sonstige Kosten   200.000,€

Wie viel Umsatz muss mindestens erreicht werden, um den geplanten Gewinn zu erzielen?

3.   Ein selbständiges Marketing-Unternehmen plant mit einem monatlichen Umsatz von durchschnittlich 60.000,- €. Dabei wird ein Kalkulationszuschlag von 100 zugrunde gelegt. Dieser beinhaltet u.a. den kalkulatorischen Unternehmerlohn von 7.500,- €, die Gehälter seiner 3 Mitarbeiter von je 1.800,- €, den beabsichtigten Gewinn von 5.000,- €, die Verwaltungs- und Betriebskosten von 8.400,- € sowie die Miete für 110 m² eines zweiten Agenturbüros in exklusivster Lage in einer anderen Stadt. Dort beträgt der m²-Mietpreis 40,- €.

Kann dieses Büro aus betriebswirtschaftlicher Sicht weiter geführt werden oder ist eine Verkleinerung ratsam – oder sollte es gänzlich aufgegeben werden?

4.   Bei einem Eckstand auf einer Messe (7 m breit, 3 m tief, 3 m hoch) soll die Rück- und die eine Seitenwand beidseitig mit bedrucktem Stoffbespannt werden. Ausgewählt wurde ein Stoff, der 1,50 m breit liegt und von dem der lfd. m 9,90 € kostet. Für die Anfertigung der Spannrahmen werden insgesamt 64 m Leisten benötigt. Wegen des anfallenden Verschnittes kalkulieren wir 10 % mehr Leisten. Diese sind 2,40 m lang und kosten 1,31 € pro Stück. Für Kleinmaterial (Winkel, Haken, Nägel, Schrauben) fallen 24,95 € an. An Arbeitsstunden sind je 12 h eines Gesellen (21,50 €/h) und eines Auszubildenden (7,40 €/h) vorgesehen.

Errechnen Sie die Kosten, wenn 23 % Materialgemeinkosten, 165 % Lohngemeinkosten, 18 % Verwaltungsgemeinkosten, 10 % Gewinn, 4 % Kundenskonto und die gesetzliche Umsatzsteuer zu berücksichtigen sind?

Kalkulation

5. Ein Unternehmen beabsichtigt, die Marketing-GmbH mit der Planung und Gestaltung des Ausstellungsstandes anlässlich einer Fachmesse zu beauftragen. Es wird jedoch zuvor um einen Kostenvoranschlag gebeten.
Folgendes fließt darin ein:

Vorbereitendes Gespräch, Entwurfsskizzen etc.	500,00 €
Für den Aufbau der Wände:	
85 lfd. Meter Dekorationsstoff, 1,40 m breit	4,29 €/m
60 m Holzleisten, 5 x 30 mm	0,92 €/m
33 m Borte	1,35 €/m
Kleinmaterial (Winkel, Schrauben usw.)	27,00 €
Arbeitszeit Wände: 2 Mitarbeiter je 12 h	je 23,60 €/h
Für den Bodenbelag:	
22 m² Bodenbelag	22,10 €/m²
6 m Übergangsschienen	12,40 €/m
2 Rolle doppelseitiges Klebeband	4,20 €/Rolle
1 Rollen Sockelleistenband, 50 m	7,55 €
14 m Sockelleisten	4,69 €/m
Arbeitszeit Boden 4 h Geselle	je 21,40 €/h
4 h Azubi	je 7,40 €/h
Für die Ausstattung des Standes:	
Leihgebühr Pult ¼ Bogen	140,00 €
4 Sessel, gepolstert	24,00 €/Stück
1 Tisch	32,00 €
2 Prospektständer	42,00 €/Stück
1 Garderobenständer	20,00 €
Stromanschluss (Pauschale)	138,00 €
3 Halogenfluter, 300 W	32,00 €/Stück
Wasseranschluss (Pauschale)	370,00 €
Arbeitszeit Standbau 4 h Meister	34,60 €/h
6 h Geselle	21,40 €/h
4 h Azubi	7,40 €/h
Betriebsgemeinkosten 65 % der Fertigungskosten	
Gewinn und Risiko 15 % der Selbstkosten	
Mehrwertsteuer 19 %	

Über welchen Betrag lautet das Angebot?

6. Der Zieleinkaufspreis für 10 Ballen Nesselstoff beträgt 748,00 € nach Abzug von 15 % Rabatt.
Ermitteln Sie den regulären Preis (Listenpreis) eines Ballens Nesselstoff!

Kalkulation

7. Berechnen Sie den Einstandspreis (in €) für den Bezug von 40 Acrylplatten in der Größe 800 x 1.200 x 1 mm unter Ausnutzung der eingeräumten Konditionen!
    Folgendes Angebot liegt Ihnen vor:
    • Angebot: Acrylplatte, extrudierte Qualität, UV- beständig, farblos
    • Listenpreis: je Platte 16,00 €
    • Liefererrabatt: 15 %
    • Liefererskonto: 3 %
    • Bezugskosten je Platte 0,75 €

8. Ihnen liegen zwei Angebote für jeweils 10 Tischlerplatten (3-fach, Stabmittellage, 22 mm stark) vor:
    Anbieter A: Listenpreis 585,00 €, 20 % Rabatt und 2 % Skonto
    Anbieter B: Listenpreis 495,00 €, 3 % Skonto
    Wie viel € beträgt der Bareinkaufspreis für die 10 Tischlerplatten im günstigsten Angebot?

9. Mit welcher Formel ermitteln Sie die Wirtschaftlichkeit eines Betriebes?

    a) $\dfrac{\text{Gewinn} \cdot 100}{\text{Umsatz}}$

    b) $\dfrac{\text{Umsatz}}{\text{Mitarbeiterstunden}}$

    c) $\dfrac{\text{Leistungen}}{\text{Kosten}}$

    d) $\dfrac{\text{Wareneinsatz} \cdot 100}{\text{Umsatz}}$

Kalkulation

26. Darlehen oder Leasing?

Investitionen sind von maßgeblicher Bedeutung für die Leistungsfähigkeit und Weiterentwicklung eines Unternehmens, auch in Gewerben, die in den Bereichen Werbung und Marktanalyse tätig sind.

Das können Veränderungen im Produktionsbereich sein, z.B. in den Werkstätten, aber auch die Anschaffung neuer Technik oder der Ersatz veralteter durch neue und leistungsstärkere Geräte. In jedem Fall sind es Maßnahmen, bei denen Finanzmittel angelegt werden, die anschließend Erträge bringen sollen.

Grundsätzlich steht immer die Frage nach den Finanzmitteln, nach der Finanzierung der Investition. Es muss beurteilt werden, ob Barzahlung, der Kreditkauf oder das Leasing die günstigste Finanzierungsmöglichkeit für das Unternehmen ist. Barzahlung, meist die preisgünstigste Form, ist jedoch häufig aus Liquiditätsgründen nicht möglich. Somit bleibt die Frage „Darlehen oder Leasing?"

Die Beantwortung ist nicht leicht, kann sie doch bei einer Fehlentscheidung existenzgefährdende Folgen für das Unternehmen haben.

Worin unterscheidet sich die Darlehensfinanzierung von einer Leasingnahme?

Darlehen bedeutet sinngemäß das Überlassen von Geld gegen Zahlung eines Entgelts, der Zinsen. Die Rückzahlung des Darlehens (man spricht von Tilgung) wird vertraglich festgelegt.	**Leasing** ist ein Mieten bzw. Pachten eines Anlagegutes. Ein Investitionsgegenstand wird für eine vereinbarte Zeit und eine zu zahlende Miete (den sogenannten Leasingraten) zum Gebrauch überlassen.

Was sind die Vor- und Nachteile beider Finanzierungsmöglichkeiten?

Vorteile des Leasings:	**Nachteile des Leasings:**
• keine hohen Anschaffungskosten, Eigenkapital wird geschont.	• Als Leasingnehmer ist man nicht Eigentümer des Leasingobjektes, was die Verfügungsgewalt einschränken kann.
• Technische Neuerungen am Leasingobjekt können bereits während der Vertragszeit wirksam werden.	• Leasingraten sind höher als Kreditraten, der Leasingeber kalkuliert seine Kosten mit ein.
• Der Leasinggeber ist zur Rücknahme des Mietobjektes nach Vertragsende verpflichtet.	• Leasingraten sind eine finanzielle Verpflichtung über längere Zeit und können die Liquidität belasten.
• Leasingraten sind als betriebliche Ausgabe aus steuerlicher Sicht voll absetzbar.	

Vorteile des Kreditkaufs:

- Durch Vereinbarung einer längeren Rückzahlungslaufzeit werden die monatlichen Raten kleiner, was die Liquidität schont.
- Das Kaufobjekt geht in das Eigentum des Unternehmens über.
- Ggf. ist eine vorzeitige Rückzahlung und dadurch auch eine vorzeitige Beendigung des Kreditvertrages möglich.

Nachteile des Kreditkaufs:

- Kredite können eine Belastung der Liquidität des Unternehmens sein.
- Die Rückzahlung erfolgt in hohen Raten.
- Kredite müssen beantragt werden.
- Es fallen Provisionen und Bearbeitungskosten an.

26.1. Das Darlehen

Darlehen ist in unterschiedlichen Formen möglich. Zwei gebräuchliche sind:

Festdarlehen   Ein Festdarlehen wird am Ende der Laufzeit als eine Summe zurückgezahlt. Während der Vertragslaufzeit sind nur die Zinsen fällig.

Abzahlungsdarlehen   Beim Abzahlungsdarlehen wird das Darlehen durch feste Raten zu den festgelegten Zahlungsperioden (monatlich oder jährlich) getilgt. Dadurch verringert sich während der Laufzeit die Schuldsumme, was sinkende Zinsen bedeutet.

Andere Formen, wie z.B. das Annuitätendarlehen sind möglich, die mit der Bank abgestimmt werden sollten.

Beispielaufgabe

Ihre Agentur will einen neuen Firmenwagen erwerben. Zur Finanzierung dieser notwendigen Anschaffung nehmen Sie ein Darlehen über 50.000,00 € mit einer vierjährigen Laufzeit und einem Zinssatz von 10 % p. a. in Anspruch.
Wie ist der Ablauf der Tilgung und wie groß wären die Gesamtbelastungen bei gleichen Konditionen a) als Fest-, und b) als Abzahlungsdarlehen?

Darlehen oder Leasing?

Lösung:

a)   als Festdarlehen

Jahr	Zinsen (€)	Tilgung (€)	Gesamt (€)
1	5.000,00 € (50.000,00 • 10%)	---	5.000,00
2	5.000,00 €	---	5.000,00
3	5.000,00 €	---	5.000,00
4	5.000,00 €	50.000,00	55.000,00
	Gesamtbelastung (Darlehen + Zinsen):		70.000,00

b)   als Abzahlungsdarlehen

Jahr	Darlehen (€)	Zinsen (€)	gleichbleibende Tilgung (€)	Gesamt (€)
1	50.000,00	5.000,00	**12.500,00**	17.500,00
2	37.500,00	3.750,00	**12.500,00**	16.250,00
3	25.000,00	2.500,00	**12.500,00**	15.000,00
4	12.500,00	1.250,00	**12.500,00**	13.750,00
	Gesamtsumme (Darlehen + Zinsen):			62.500,00

Es gibt bei der Bewertung eines Darlehen-Angebotes noch ein paar weitere Faktoren zu berücksichtigen.

a) Es wird nicht immer der volle Darlehensbetrag ausgezahlt. Man spricht dann von dem Nennwert (das ist das Darlehen) und dem Auszahlungsbetrag. Die Differenz heißt Disagio. Die Zinsen berechnen sich natürlich nach dem Betrag, den man gar nicht hat, nach dem Nennwert.

b) Es werden Bearbeitungsgebühren, Provisionen und/oder Spesen berechnet. Diese können gleich vom Auszahlungsbetrag abgezogen werden, es wird gewissermaßen dem Disagio zugerechnet.

Beispielaufgabe:

In einem Darlehensvertrag für ein Festdarlehen stehen folgende Angaben:
Darlehensbetrag   120.000,00 €   Auszahlungsbetrag 96 %
Bearbeitungsgebühr 2,4 % des Darlehens   Spesen   25,00 €
Laufzeit   8 Jahre   Zinsen   6 % p. a.
Wie hoch sind der Auszahlungsbetrag und die Kosten bei diesem Darlehen?

Darlehen oder Leasing?

Lösung:

Auszahlungsbetrag:	Darlehensbetrag	120.000,00 €
	− 4 % Disagio	4.800,00 €
	− 2,4 % Bearbeitung	2.880,00 €
	− Spesen	25,00 €
		112.295,00 €

Darlehenskosten:	Zinsen	32.400,00 €
	+ 4 % Disagio	4.800,00 €
	+ 2,4 % Bearbeitung	2.880,00 €
	+ Spesen	25,00 €
		40.105,00 €

Übungsaufgaben

1. Das Unternehmen beabsichtigt, ein Darlehen über 12.000,00 € zu nehmen und holt sich von der Bank folgendes Angebot ein:
   - Laufzeit: 6 Jahre
   - jährliche und gleichbleibende Tilgungsraten
   - Zinssatz 7 % p.a.

   Vervollständigen Sie den Tilgungsplan.

Jahr	Darlehen (€)	Zinsen (€)	Tilgung (€)	Gesamt (€)
1	12.000,00	840,00	2.000,00	2.840,00
2	10.000,00			
3				
4				
5				
6				
Gesamtbelastung (Darlehen + Zinsen):				

2. Ein mit 6,5 % verzinstes Darlehen über 16.800,00 € soll bei gleichbleibender Tilgungsrate über einen Zeitraum von 8 Jahren zurückgezahlt werden, Stellen Sie den Tilgungsplan auf?

3. Ein Festdarlehen über 65.000,00 €, mit einem Zinssatz von 6 % wurde zu 96 % von der Bank ausgezahlt. Bearbeitungsgebühren und Spesen wurden mit 2,4 % berechnet. Das Darlehen wurde nach 5 Jahren in einer Summe zurückgezahlt.
   a. Wie hoch war der Auszahlungsbetrag?
   b. Wie viel Kreditkosten sind angefallen?

Darlehen oder Leasing?

4. Für eine Marketingmaßnahme der städtischen Kurverwaltung ist die Summe von 60.000 € erforderlich. Sie schlagen dem Kunden eine Finanzierung mit einem 5-jährigen Festdarlehen vor und holen deshalb Angebote ein. Überprüfen Sie beide Angebote.

Bank A	Bank B
Zinssatz 9 %	Zinssatz 8,5 %
Disagio 2 %	Auszahlung 97 %
Provision 1,7 % vom Darlehensbetrag	Bearbeitungsgebühr 2 % vom Darlehensbetrag
Bearbeitungsgebühr 35,00 €	

Die Laufzeiten für Darlehen sind meist volle Jahre. Von der Zinsrechnung her ist uns bekannt, dass die Zinssätze ohnehin Jahressätze sind. Wir wissen aber, dass auch Tageszinsen berechnet werden können. Das wenden wir bei dem nächsten Beispiel an, in dem ein kurzzeitiger Kredit genommen wird.

Beispielaufgabe:

Sie haben in creative media GmbH eine größere technische Investition getätigt und darüber folgende Rechnung erhalten:

Warenwert netto EUR	Fracht EUR	Inbetriebnahme EUR	Entgelt netto EUR	19 % Ust. EUR	Gesamtbetrag EUR
11.190,00	340,00	380,00	11.910,00	2.262,90	14.172,90

Zahlung innerhalb von 30 Tagen netto oder innerhalb von 10 Tagen mit 3 % Skonto auf den Gesamtbetrag, Ware bleibt bis zur vollständigen Bezahlung unser Eigentum.

Zur Zahlung des Rechnungsbetrages von 14.172,90 € haben Sie 30 Tage Zeit. Eine spätere Zahlung würde Verzugszinsen zur Folge haben und die Sache verteuern. Sie möchten eher das Skonto nutzen wollen. Denn 3 % wären bei dieser Rechnung immerhin 425,19 €.

Um das Skonto nutzen zu können, müssten Sie allerdings einen kurzfristigen Kredit bei Ihrer Bank in Anspruch nehmen. Die wiederum würde diesen Kredit mit 14,5 % Zinsen belasten.

Ob sich das aus wirtschaftlicher Sicht lohnt, soll die folgende Lösung zeigen.

Darlehen oder Leasing?

Lösung:

Der Skontobetrag beträgt (3 % der Gesamtsumme) 425,19 €.

Für die Rechnungszahlung nehmen Sie einen Kredit über 13.747,71 €, das ist Rechnungssumme minus Skonto. Den wollen Sie schließlich einsparen.

Richtwert für die Laufzeit des Kredites ist das Zahlungsziel, 30 Tage nach Rechnungstellung.

Da Sie für die Inanspruchnahme des Skontos 10 Tage Zeit haben, zahlen Sie die Rechnung natürlich erst am 10.Tag. Dadurch verringert sich die Kreditlaufzeit auf die verbleibenden 20 Tage bis zum Ende des Zahlungsziels.

Mit diesen Fakten und der Zinsgrundformel errechnen Sie die Zinsen:

$$Z = \frac{13.747,71 \ € \ \bullet \ 20 \ \text{Tage} \ \bullet \ 14,5\,\%}{100 \ \bullet \ 360} = 110,75 \ € \ \text{Zinsen für den Kredit}$$

425,19 € Skonto – 110,75 Zinsen = 314,44 € Gewinn, das lohnt sich also!

Übungsaufgaben

5. Auf einer Rechnung über 8.449,50 € ist vermerkt: „Zahlung innerhalb von 3 Monaten netto oder innerhalb von 10 Tagen mit 3 % Skonto." Wie viel € können gespart werden, wenn das Geld von der Bank zu 13 % geliehen und Skonto in Anspruch genommen wird?

6. Die Rechnungssumme beträgt 33.123,71 €. Die Rechnung trägt die Zahlungsbedingung „Bei Zahlung innerhalb von 14 Tagen 2 ½ % Skonto oder innerhalb von 60 Tagen netto".
   Für die Skontonutzung wäre ein kurzfristiger Bankkredit zu 7,5 % Zinsen erforderlich. Würde sich das wirtschaftlich lohnen?

Darlehen oder Leasing?

7. Für den Kauf eines Farbkopierers erhielten Sie folgende Rechnung.

Rechnung

Ihr Auftrag vom:	Kunden-Nr.	Rg.-Nr.	Datum
15.Januar 2018	24680	0045/18	05.Februar 2018

Pos.	Bestell-Nr.	Menge	Artikelbezeichnung	Listeneinzelpreis EUR	Gesamtpreis EUR
1	13653	1	Farbkopierer XYZ	9.800,00	9.800,00
			- Rabatt 5 %		490,00

Warenwert, netto EUR	Fracht EUR	Inbetriebnahme EUR	Entgelt, netto EUR	19 % USt. EUR	Gesamtbetrag EUR
9.310,00	320,00	370,00	10.000,00	1.900,00	11.900,00

Zahlbar innerhalb von 10 Tagen nach Rechnungsdatum abzüglich 2 % Skonto auf den Gesamtbetrag oder innerhalb 30 Tagen ab Rechnungsdatum netto Kasse.

Ermitteln Sie

a. den Skontobetrag (inkl. Umsatzsteuer, ohne Fracht) und

b. den Überweisungsbetrag unter Ausnutzung von Skonto.

c. Um die Rechnung unter Ausnutzung von Skonto zahlen zu können, nehmen Sie einen Kontokorrentkredit[1] zu einem Zinssatz von 9 % p.a. in Anspruch. Ermitteln Sie die Kreditzinsen und

d. den Finanzierungsvorteil im Vergleich zur Zahlung ohne Skonto.

---

[1] Der Kontokorrentkredit ist auch als Überziehungskredit oder Dispositionskredit (kurz: "Dispokredit") bekannt. Er dient i.d.R. einer kurzfristigen Finanzierung. Der Dispokredit ist zwar mit hohen Zinsen verbunden, dafür ist er aber flexibel in Höhe und Laufzeit.

Darlehen oder Leasing?

26.2. Das Leasing

Alternativ zum Kauf gibt es das Leasing. Dabei handelt es sich um ein mittel- bis langfristiges Überlassen eines Gutes zur Nutzung gegen Zahlung von Miete. Für den vereinbarten Zeitraum schließt der Leasingnehmer mit dem Leasinggeber, der Eigentümer des Objektes bleibt, einen Vertrag ab, in dem die Pflichten und Rechte beider Seiten festgeschrieben sind.

Zur Vereinbarung gehört auch die Festlegung, ob der Vertrag nach seinem Ablauf verlängert oder ob das Objekt gegen Zahlung des Restwertes käuflich erworben werden kann oder ob es an den Leasinggeber zurückgeht.

Tatsächlich kann in jedem Leasingvertrag etwas anderes stehen. Eines kommt aber in der Regel fast immer vor, nämlich der Passus, dass der Leasinggeber die Leistungen der Wartung, der Reparatur und der Versicherung übernimmt. Das ist meistens von Vorteil für den Leasingnehmer.

Weitere Vorteile für ein Unternehmen liegen beim Leasing klar auf der Hand. Die Leasingraten sind überschaubar groß und werden nur während der Zeit der Nutzung gezahlt. Das Eigenkapital wird dadurch geschont, und das Unternehmen bleibt finanziell flexibel für weitere Investitionen.

Beispielaufgabe:

Für die Ausstattung der creative media GmbH planen Sie die Anschaffung mehrerer bürotechnischer Geräte im Wert von 15.000,00 €.

Laut AfA-Tabelle werden diese Geräte innerhalb von 3 Jahren abgeschrieben. Sie gehen aber von einer Nutzungsdauer von 4 Jahren aus. Zur Finanzierung gibt es 3 Möglichkeiten: Barzahlung der 15.000,00 € durch Ihre GmbH, den Kauf mit einem Darlehen der Hausbank oder mit Leasing durch den Lieferanten der Geräte. Die für Ihre Agentur günstigste Finanzierung kann herausgefunden werden, indem Sie die folgenden einzelnen Konditionen vergleichen und durchrechnen.

Leasing:
Mietzeit (auf Grund der AfA-Zeit) 3 Jahre; Abschlussgebühr 10 %; monatliche Leasingrate 2,75 % der Vertragssumme; Anschlussmiete für das 4.Jahr 2.800,00 €

Bankkredit:
Darlehen über 15.000,00 €; Tilgung mit 4 gleichen Raten; Laufzeit 4 Jahre; Kreditzinssatz 8 %

Lösung:

Leasingfinanzierung

Abschlussgebühr: 10 % der Vertragssumme 15.000,00 €	1.500,00 €
3 Jahre = 36 Mon.-Raten • 2,75 % von 15.000,00	14.850,00 €
vereinbarte Anschlussmiete für das 4.Jahr	2.800,00 €
Gesamtkosten beim Leasing:	19.150,00 €

Tilgungsplan der Bankfinanzierung

Jahr	Darlehen	Zinsen	Tilgung	Gesamt
1	15.000,00 €	1.200,00 €	3.750,00 €	4.950,00 €
2	11.250,00 €	900,00 €	3.750,00 €	4.650,00 €
3	7.500,00 €	600,00 €	3.750,00 €	4.350,00 €
4	3.750,00 €	300,00 €	3.750,00 €	4.050,00 €
		Rückzahlung einschl. Zinsen:		18.000.00 €

Was sagen uns nun diese Berechnungen?

Der Vergleich der errechneten Ausgaben von Bankfinanzierung (18.000,- €) und Leasing (19.150,- €) fällt eindeutig zu Gunsten der Bank aus. Ist die Differenz von 1.150,00 € nun aber groß genug, um sich für den Kreditkauf zu entscheiden?

Es muss nämlich bedacht werden, dass noch Kosten für regelmäßige Wartung und eventuelle Reparaturen hinzukommen, die diese 1.150,00 € übersteigen können oder sogar werden. Beim Leasing trägt bekannterweise der Leasinggeber diese Kosten. Nur, wenn man die Geräte unbedingt als Eigentum erwerben will, weil sie eventuell noch länger als die geplanten 4 Jahre genutzt werden sollen, lohnt sich der Kreditkauf. Ansonsten wäre Leasing die bessere Entscheidung, zumal auch noch die Leasingraten steuerlich geltend gemacht werden können.

Noch gar nicht wurde von uns der Barkauf in die Betrachtung einbezogen. Rechnerisch ist es tatsächlich die günstigste Variante. 15.000,00 € in bar plus anfallende Wartungskosten, das war es dann auch schon. Allerdings setzt das voraus, dass diese finanziellen Mittel vorhanden sind und dass durch einen Barkauf die Liquidität des Unternehmens nicht gefährdet wird.

Das Rechnerische, und nur das können wir uns erarbeiten, mindert zwar das Risiko, bei einer Entscheidung zur Investitionsfinanzierung müssen allerdings weitere Informationen zum Unternehmen und des Umfeldes berücksichtigt werden.

Darlehen oder Leasing?

Übungsaufgaben

1. Sie bestellen zur Ausgestaltung Ihrer Agentur bei der Holzwurm OHG neue
    Büro- und Lagerregale in einem Wert von 21.000,00 €.
    Der Möbelhersteller unterbreitet folgendes Leasingangebot:
    Laufzeit: 7 Jahre
    Abschlussgebühr: 10 % der Vertragssumme
    Monatliche Leasingrate: 300,00 €
    Mit der Absicht, die monatliche finanzielle Belastung Ihrer Agentur zu redu-
    zieren, wird auch eine Darlehensfinanzierung geprüft. Ein diesbezügliches
    Gespräch mit der Hausbank ergab folgendes Angebot:
    Abzahlungsdarlehen mit gleichbleibender jährlicher Tilgung
    Laufzeit: 7 Jahre;   Zinssatz: 6 %.
    Überprüfen Sie, ob dieses Kreditangebot besser ist.

2. Ein bekanntes Bildungsunternehmen hat Ihnen das Marketing übertragen.
    Eine Akquise hat ergeben, dass Ihr Kunde weiterhin nur eine Chance auf dem
    Markt hat, wenn er sich auf den IT-Bereich spezialisiert und neuste Computer-
    technologie anbietet. Sie haben ein Investitionsvolumen von 150.000,00 € für
    Hardware ermittelt.
    Der Lieferant der Hardware bietet einen Leasingvertrag zu folgenden Kondi-
    tionen an: Vertragsdauer 4 Jahre, Leasingrate 70.000,00 €/Jahr; darin enthal-
    ten sind Bereitstellung, Betrieb und Wartung der Anlage.
    Ihre Aufgabe ist es, zu analysieren und zu berechnen, ob das Leasing oder ein
    Kreditkauf der Anlage für den Kunden günstiger ist. Ihre Analyse ergab fol-
    gende Werte: Anschaffungskosten: 150.000,00 €
                        monatliche Betriebskosten: 2.100,00 €
                        jährliche Wartungskosten: 1.600,00 €
                        Nutzungsdauer: 4 Jahre
    Die Hausbank bietet den Kredit über 150.000,00 € bei Rückzahlung in
    4 gleichgroßen Raten innerhalb von 4 Jahren zu 8 % Zinsen an.
    Was ist für den Kunden rechnerisch günstiger, der Kreditkauf oder das Lea-
    singmieten?

Darlehen oder Leasing?

3. Die Werbeagentur benötigt zur verbesserten Kundenbetreuung ein weiteres Fahrzeug. Die Anschaffungskosten belaufen sich für das Fahrzeug und die technische Innenausstattung insgesamt auf 82.500,00 €.
    Geplant wird mit einer Nutzungsdauer von 5 Jahren.
    Die Finanzierung ist mit einem Kredit der Bank oder einem Mietvertrag einer Leasinggesellschaft möglich.
    Stellen Sie die diesbezüglichen Angebote gegenüber.

Kredit bei der Bank		Leasinggesellschaft	
Laufzeit des Kredits	5 Jahre	Grundmietzeit	4 Jahre
Kreditbetrag	82.500,00 €	Abschlussgebühr bei Lieferung	10 % des Kaufpreises
Tilgung	Jährlich in 5 gleichen Raten	Jährliche Rate in Höhe von …	20.000,00 €
Kreditzinssatz	7 %	Kauf am Ende des 5.Jahres für	13.000,00 €

4. Ein Handwerksbetrieb benötigt eine neue Maschine für 40.000,00 € und beabsichtigt, diese als Eigentum zu erwerben.
    Ihm werden deshalb zwei entsprechende Finanzierungen angeboten, ein Leasingvertrag mit Restwertkauf und ein Kreditvertrag, bei dem der Handwerksbetrieb ohnehin Eigentümer wird.

Angebot für Kreditkauf		Angebot Leasing mit Restwertkauf	
Kreditsumme	40.000,00 €	Vertragssumme	40.000,00 €
Laufzeit	4 Jahr	Laufzeit	4 Jahre
Kreditzinssatz	8 % p.a.	Kalkulierter Restwert	10.000,00 €
Tilgung in 4 gleichgroße Raten		monatlich Leasingrate: 2,1 % der Vertragssumme	

Stellen Sie beide Angebote gegenüber, indem Sie die Gesamtkosten der Kreditfinanzierung und des Leasings mit anschließendem Kauf ermitteln.

Darlehen oder Leasing?

5. Die Agentur benötigt einen neuen Fotokopierer. Die finanzielle Lage ist zur Zeit angespannt, sodass der 5.000,00 € (netto) teure Kopierer entweder per Kredit gekauft oder geleast werden muss.

Die Kreditbedingung der Bank lautet wie folgt:

Laufzeit des Darlehens: fünf Jahre

Tilgung: jeweils nach einem Jahr in gleichen Raten-

Zinszahlung: 10 % auf die jeweilige Restschuld zum Jahresende

Der Leasingvertrag mit der Leasinggesellschaft für Bürokommunikation sieht während der Grundmietzeit von fünf Jahren eine monatliche Leasingrate in Höhe von 115,00 € vor.

Berechnen Sie die gesamte finanzielle Belastung (Auszahlungen) der Agentur für eine Vertragslaufzeit von fünf Jahren

a. für den Kreditkauf.

b. für das Leasing.

27. Komplexe Aufgaben

Das abschließende Kapitel enthält Aufgaben, die in abgewandelter Form in den letzten drei Jahren Teil der theoretischen Abschlussprüfung waren. Sie sind nicht nach Themen sortiert, das sind die Aufgaben bei der Prüfung auch nicht, und genau deshalb bieten sie die Möglichkeit, Gelerntes zuzuordnen und zu überprüfen.

1. Bei der Einrichtung eines Verkaufs-Shops finden abgebildete Zargen Verwendung. Diese sollen an den Außenseiten einen Farbanstrich erhalten und an den Stirnseiten mit Blattgold belegt werden.

    a) Um den Farbenbedarf ermitteln zu können, braucht man unter anderem den Umfang. Berechnen Sie den äußeren Umfang einer Zarge.

    b) Die Stirnseiten der Zargen sollen vorn und hinten mit Blattgold belegt werden (das 2 cm dicke Material). Berechnen Sie die Fläche (in Quadratzentimetern) von **einer** Zarge.
    (Verwenden Sie bei beiden Aufgaben $\pi = 3{,}14$)

    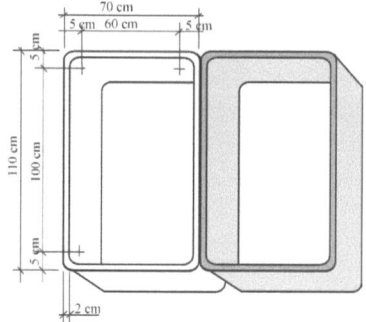

2. Es werden zwei Stück von dem abgebildeten Element benötigt. Wie lang muss eine 140 cm breite MDF-Platte mindestens sein, um diese 2 Elemente aussägen zu können. (Die Schnittstärke bleibt unberücksichtigt.)

    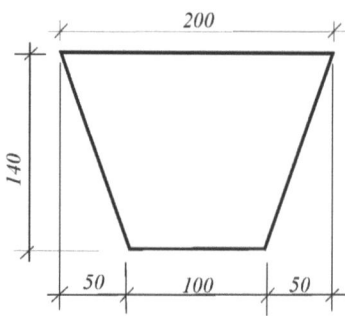

3. Für einen Gestaltungsaufbau sind 20 Stück der in der Skizze abgebildeten Podeste (60 cm x 60 cm, 30 cm hoch) zu bauen. Die Podeste benötigen keinen Boden. Alle Teile werden auf Gehrung gesägt verbunden und anschließend farbig gestrichen. Zur Ermittlung des Bedarfs an Farbe muss der Flächeninhalt der Seiten-. und Deckflächen der 20 Elemente bekannt sein. Ermitteln Sie diesen Oberflächeninhalt.

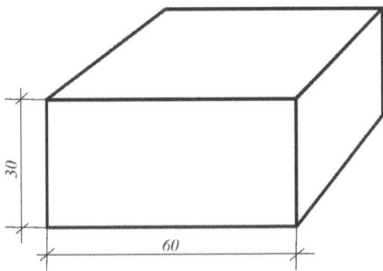

4. Berechnen Sie den Materialbedarf in m² für einen Podestaufbau, der aus zwei aufeinander gestapelten quadratischen Podesten besteht. Die Podeste haben keinen Boden, die Seitenteile werden auf Gehrung gesägt und zusammengefügt,. Die Materialstärke beträgt 20 mm. Die für die Berechnung notwendigen Maße entnehmen Sie dem Seitenriss.

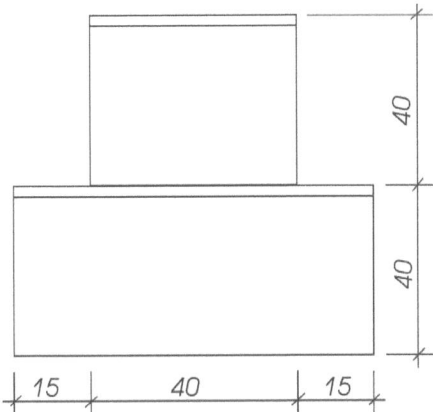

5. Von fünfundzwanzig regelmäßigen dreiseiti-
gen Pyramiden soll die Mantelfläche mit Dis-
persionslack beschichtet werden. Wie viele
Ein-Liter-Büchsen Farbe werden für den Anstrich der fünfundzwanzig Pyramiden benötigt, wenn 300 ml für 4 m² reichen?
(Die Maße entnehmen Sie der Skizze.)

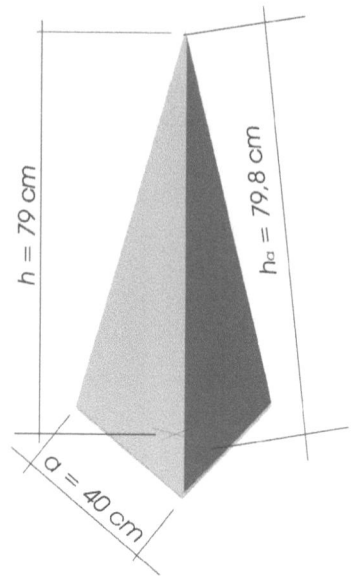

6. Laut Auftrag sollen 10 Plakate in der Größe A0 und 15 Plakate in der Grö-
ße A1 gedruckt werden.
Berechnen Sie die Kosten inkl. MwSt für diesen Auftrag.
Verwenden Sie folgende Preisliste.

	1 Stück €	5 Stück €/Stück	10 Stück €/Stück	15 Stück €/Stück	ab 20 Stück €/Stück
DIN A0	72,,90	57,10	41,60	25,90	13,20
DIN A1	41,90	27,50	23,90	16,70	11,80
DIN A2	29,90	23,30	18,20	13,00	8,70
zzgl. 19 % MwSt.					
zzgl. Verpackung & Versand (9,90 € Pauschale Bezugskosten)					

7. Für eine 14-tägige Werbeaktion in 6 Filialen einer Kaufhauskette müssen Warenträger-Elemente angemietet werden, da alle 6 Gestaltungen identisch sein sollen. Es sind somit für **jede** Filiale notwendig: 4 Verkaufsschütten, 3 Multifunktionssäulen, 3 Präsentationsständer und 2 Pulte.

	Miete pro Tag (€)	Rabatt-Menge
		ab 50 Teile = 10 %
Verkaufsschütte	2,90	
Ständer	3,20	
Pult	4,00	
Multifunktionssäule	3,00	

8. Für den Aufbau einer Präsentation in 15 Filialen einer Handelskette werden pro Filiale 15 rechteckige Holzquader und 2 Friese aus Selbstklebefolie, jeweils 6 m lang benötigt. Für das Bekleben und die Fertigstellung eines Quaders sind 55 Minuten kalkuliert und für die Vorbereitung und Montage der Friese 24 Minuten pro laufendem Meter.

Ermitteln Sie die Gesamtzeit in Stunden und Minuten für diesen Auftrag.

9. Zum Transport großer Deko-Elemente mieten Sie zu den Konditionen der abgebildeten Anzeige einen Transporter. Die Mietdauer ist an einem Tag von 7:45 Uhr bis 17:15 Uhr.

Berechnen Sie die Mietkosten für einen Tag.

Keine Kaution, keine Benzinkosten, keine Kilometerpauschale!

1.Stunde: 14,00 EUR
2.Stunde: 12,00 EUR
jede weitere angefangene Stunde; 10,00 EUR
Vollkaskoversicherung inklusive!

Komplexe Aufgaben

10. Für eine Bestellung von 20 Acrylplatten liegt folgendes Angebot vor:

> Acrylplatte, glatt, transparent, 1529 x 2050 x 3 mm
> Listenpreis: 34,- €/m²
> Mengenrabatt (ab 10 Platten): 10 %
> Skonto: 3 %
> Bezugskosten je Platte: 1,20 €

Berechnen Sie den Bezugspreis für die 20 Platten unter Ausnutzung der Zahlungsbedingungen. Die Umsatzsteuer bleibt unberücksichtigt.

11. Für die Realisierung eines Kundenauftrages benötigen Sie 5 MDF-Platten mit den Abmessungen 2800 x 2070 x 22 mm zum Listenpreis von 29,20 € pro m². Berechnen Sie den Bezugspreis unter Berücksichtigung der geltenden Mehrwertsteuer für diese 5 Platten.

12. Als Projektleiter für eine Messepräsentation zur VisMa haben Sie aus dem Internet die Anmeldeunterlagen heruntergeladen und sich aus einer Angebotsliste für den abgebildeten Messestand entschieden.
    a) Füllen Sie das Anmeldeformular (auf der nächsten Seite) entsprechend der Abbildung aus und
    b) berechnen Sie die Gesamtkosten der Standmiete.

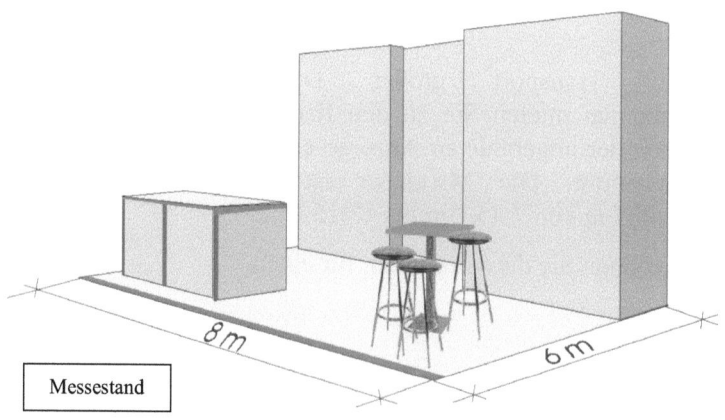

Messestand

8 m

6 m

Komplexe Aufgaben

AusE steller

Straße

PLZ, Ort

Telefon

Telefax

Mobil

E-Mail

ViSMa

10. - 11. Januar 2019

☐ Letzte Messeteilnahme war im
_____
(Monat / Jahr)

☐ Ich habe noch nie teilgenommen.

Anmeldeformular   Anmeldeschluss: 01. August 2018

Hiermit melden wir uns verbindlich auf der Grundlage der Teilnahme- und Zahlungsbedingungen zur VisMa an.

Stand-Art:		Preis EUR/m²	Tiefe x Front- = Fläche breite			
Reihenstand	1 Seite frei; mind. 9 m²	49,00	T 5 m x B	m = gesamt		m²
Eckstand	2 Seiten frei; mind. 12 m²	59,00	T 5 m x B	m = gesamt		m²
Kopfstand	3 Seiten frei; mind. 20 m²	64,00	T m x B 8	m = gesamt		m²
Inselstand	4 Seiten frei; mind. 40 m²	69,00	T m x B 8	m = gesamt		m²

Obligatorische Gebühren

Aussteller-Media-Paket (Eintragung und Logo im Messekatalog, Firmengutscheine)   160,00 EUR

Haftpflichtversicherung   15,00 EUR

Die Richtigkeit und Vollständigkeit aller Angaben wird versichert.

Die „Allgemeinen Teilnahmebedingungen" werden anerkannt.

_____   _____
Ort. Datum   Unterschrift

Komplexe Aufgaben

13. Ein Auftrag lautet, die Folierung an fünf Lieferautos vorzunehmen. Zunächst holen Sie Angebote ein, um einen preiswerten Einkauf selbstklebender Folie zu erzielen.

Nach grobem Überschlag werden 20 m Folie in der Breite 0,50 m benötigt. Ihnen liegen zwei Angebote vor:

Angebot A: 50 cm breit; 5,70 €/lfm; 5 % Rabatt ab 10 m; 3 % Skonto; versandkostenfrei

Angebot B: 50 cm breit; 5,30 €/lfm; 7 % Rabatt ab 20 m; 3 % Skonto; 30,00 € pauschal für den Versand.

a) Ermitteln Sie den günstigeren Anbieter.
   (Umsatzsteuer bleibt unberücksichtigt.)

b) Erstellen Sie nun aus folgenden Angaben den Nettoangebotspreis:

Insgesamt fallen für alle Fahrzeuge 250,00 € Materialkosten an. Ebenfalls für alle Fahrzeuge berechnen wir insgesamt 600,00 € für den Folienplott. Das Anfertigen der Entwürfe kostet 150,00 € je Fahrzeug. An Gesamtarbeitszeit legen wir 35 Stunden mit einem Satz von 35,00 €/Std. zu Grunde. An Zuschlägen kalkulieren wir 40 % auf die Herstellkosten und 18 % auf die Selbstkosten.

14. Das abgebildete Podest soll zweimal mit Acryllack beschichtet werden. Ihre Aufgabe ist es, die benötigte Farbe in vollen Litern zu disponieren, wenn man 120 ml pro m² und Schicht benötigt

a)   Berechnen Sie in Quadratmetern die Deckfläche des Podestes.

b)   Berechnen Sie in Quadratmetern die Mantelfläche des Podestes.

c)   Berechnen Sie den benötigten Acryllack in vollen Litern.

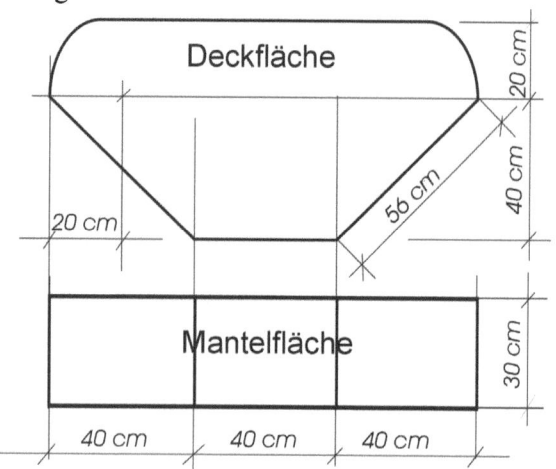

Komplexe Aufgaben

15. Sie werden beauftragt, den in der Skizze dargestellten, nach oben offenen Reihenmessestand zu bauen, dessen Bodenfläche mit Teppichbodenfliesen ausgelegt wird. Seiten- und Rückwand sind vorhanden.
Folgende Einbauten sind vorgesehen:
- ein torförmiger Einbau

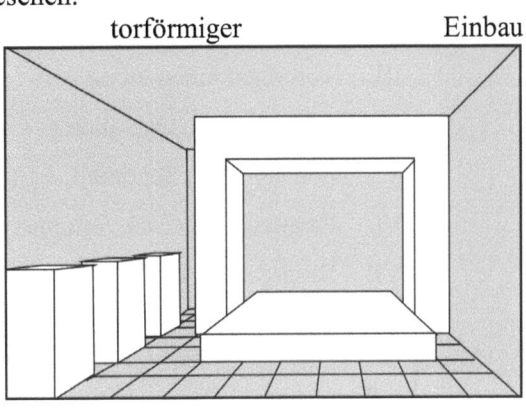

- ein quadratisches Podest, das in den Torausschnitt gestellt wird
- drei Besprechungstische, 110 cm hoch und mit quadratischem Grundriss.

Alle Einbauelemente werden nach den in der Drei-Tafel-Projektion gezeigten Abmessungen aus MDF-Platten gebaut.

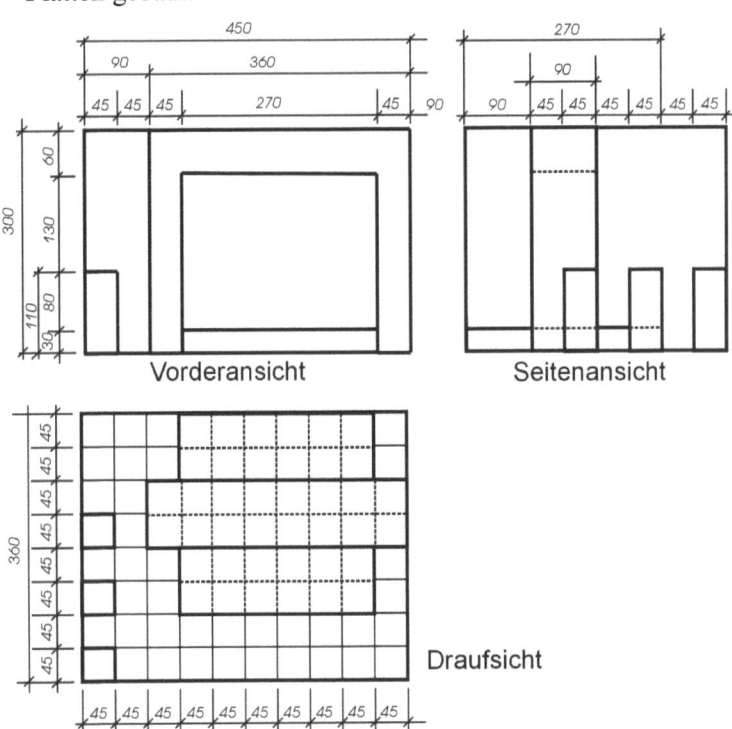

Vorderansicht

Seitenansicht

Draufsicht

a) Welche der folgenden Positionen gehören zu den nachstehenden Bezeichnungen? Ordne die Nummer der Position der Beschreibung zu.

    I. Torbogenseiten außen, rechts und links = Position Nr. _____

    . Torbogenseiten innen, rechts und links = Position Nr. _____

    III. Torbogen innen, oben = Position Nr. _____

    IV. Bodenpodest, Deckplatte = Position Nr. _____

    V. Bodenpodest, Seitenteil, 4 Stück = Position Nr. _____

    VI. Besprechungstisch, Seitenteil, 4 Stück = Position Nr. _____

    VII. Besprechungstisch, Deckfläche = Position Nr. _____

Positionen:		❹ 90 cm x 240 cm
❶ 45 cm x 45 cm		❺ 45 cm x 110 cm
❷ 270 cm x 270 cm		❻ 90 cm x 300 cm
❸ 270 cm x 30 cm		❼ 270 cm x 90 cm

b) Berechnen Sie die Gesamtmenge des benötigten MDF-Plattenmaterials in m². Der Verschnitt bleibt unberücksichtigt. Auch die Vorder- und Rückseiten des Torbogenteils sind für den Zusammenbau fertig zugeschnitten zu berechnen. (Runden Sie auf zwei Stellen nach dem Komma.)

c) Der Preis für das MDF-Plattenmaterial beträgt netto 11,05 €/m². Berechnen Sie den Gesamtpreis unter Berücksichtigung eines Aufpreises von 42 % für den Holzzuschnitt.

d) Die sichtbaren Innenflächen des torförmigen Einbaus und die Deckplatten der Besprechungstische sollen mit Acryllack beschichtet werden. Berechnen Sie den zu beschichtenden Flächeninhalt in m².

e) Für die Beleuchtung des Messestandes werden LED-Strahler MR 16, 12 V, 6 W (550 lm), 2700K verbaut.
Berechnen Sie die für eine Grundbeleuchtung von 1000 lux erforderliche Anzahl an LED-Leuchten.

f) Neben den Informationen über Spannung und Leistung des LED-Strahlers befindet sich auch die Angabe 2700K.
Welche Information gibt uns diese Angabe?

Komplexe Aufgaben

16. Ein Kunde wünscht von Ihnen ein Angebot für die Herstellung von acht Aufstellern, die Sie nach den Maßangaben auf der Zeichnung fertigen müssen. Die schrägen Flächen sollen mit Acrylglas bedeckt werden.

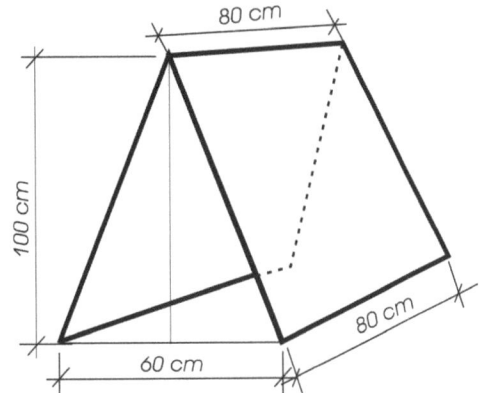

a) Berechnen Sie den Materialbedarf an Acrylglas (in m²).

b) Vervollständigen Sie die begonnene Angebotskalkulation, tragen Sie noch die fehlenden Werte bei Verwaltungsgemeinkosten, Vertriebsgemeinkosten und Selbstkosten ein!

Fertigungsmaterial		721,20 €
+ Materialgemeinkosten	20 %	144,24 €
= **Materialkosten**		865,44 €
+ Fertigungslohn		280,00 €
+ Fertigungsgemeinkosten	147 %	411,60 €
= Fertigungskosten		691,60 €
= **Herstellkosten**		1.557,04 €
+ Verwaltungsgemeinkosten	14 %	
+ Vertriebsgemeinkosten	6,9 %	
= Selbstkosten		

17. Der Etat für eine Werbeaktion wurde erhöht. Dieser Erhöhungsbetrag verteilt sich auf folgende Posten:
- 1/4 für Leihgebühren und Transportkosten für div. Warenträger
- 1.000 € für Werbung in der Presse
- 4.000 € für Plakatwerbung
- 7.000 € für Blumen, Aufbaumaterial und -kosten.

Wie viele € beträgt die Erhöhung des Etats?

18. Die Herstellkosten für eine Bühnendekoration betragen 12.560 €. Dazu kommen Verwaltungsgemeinkosten in Höhe von 8 %. Ihr Unternehmen kalkuliert mit einem Gewinn von 20 %.
Kalkulieren Sie den Angebotspreis **inklusive** Mehrwertsteuer.

19. Im Rahmen einer Marketing-Aktion wollen Sie am Dienstag, dem 06.03.2018, 24.000 Giant-Postcards mit einer regionalen Tageszeitung streuen. Am gleichen Tag kommen an 20 markanten Punkten der Stadt für eine Woche (7 Tage) CL-Poster zum Einsatz.
Erstellen Sie anhand der Angebote und der Angaben zum Arbeitsablauf der Druckereien die Zeit- und Kostenplanung für diese Aktion. Von den Druckereien ist uns Folgendes bekannt:

- Beide arbeiten in einer Fünf-Tage-Woche (Montag bis Freitag).

- Die Poster-Druckerei benötigt nach dem Erhalt der Druckdaten und des Druckauftrages vier Arbeitstage für die Produktion.

- Die Giant-Card-Druckerei benötigt nach dem Eingang der Druckdaten drei Arbeitstage für den Druck und anschließend zwei Arbeitstage für die Auslieferung.

Weiterhin ist für die Zeitplanung zu berücksichtigen, dass der Tageszeitungsverlag drei Arbeitstage vor dem Verteilungstermin die Giant-Cards haben möchte und die Agentur für die CL-Poster zehn Arbeitstage vor dem Erscheinungstermin.

a) Zeitplan:

Übergabe der Druckdaten an die Poster-Druckerei	
Anlieferung der Druckdaten an die Giant-Card-Druckerei	
Anlieferung der CL-Poster bei der Agentur	
Anlieferung der Giant-Cards beim Zeitungsverlag	

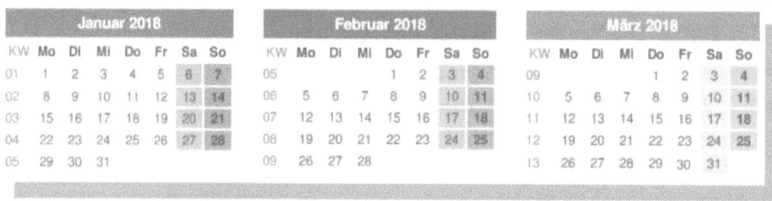

b)   Kostenplan:

CL-Poster-Druck	Siehe Angebot!	
Giant-Cards-Druck	Siehe Angebot!	
Einsatz der CL-Poster	Preis pro Stück 23,00 € pro Tag	
Streuung der Giant-Cards	Preis pro 1.000 Exemplare 85,00 €	
	Gesamtkosten (in EUR)	

Angebot 1 (CL-Poster):

Angebot 3528

Sehr geehrte Damen und Herren,

wir danken Ihnen für Ihre Anfrage und bieten Ihnen gemäß unseren Geschäftsbedingungen freibleibend an:

Objekt: CLP-Plakate

Format: 118,5 x 175,0 cm

Gesamtauflage: **Preis per:**
20   p.St.   31,60 EUR   gesamt: 632,00 EUR

                                      alle Preise verstehen sich zzgl. 19 % MwSt

Lieferung: ab Werk

Angebot 2 (Giant-Card):

Angebot 7584/18

Sehr geehrte Damen und Herren,

vielen Dank für Ihre Anfrage. Nachstehend bieten wir Ihnen auf Basis unserer allgemeinen Geschäftsbedingungen an:

Gegenstand: Postkarte Giant-Card

Auflage(n):	Preis per 1.000 in EUR	Gesamtpreis in EUR	weitere 1.000 in EUR
20.000	23,40	468,00	20,10

Die genannten Preise verstehen sich zzgl. Der gesetzlichen Mehrwertsteuer und basieren auf derzeitigen Lohn-, Energie- und Materialkosten. Der Papierpreis ist Tagespreis.

Komplexe Aufgaben

20. In einem Auto-Salon sollen von einem quaderförmigen Ausstellungspodest die Deck- und die Mantelflächen mit Aluminium-Riffelblechen verkleidet werden. Die Maße des Podestes sind Länge = 3,60 m; Breite = 1,60 m;

Höhe = 50 cm.

Für die Beschaffung des Riffelbleches steht Ihnen nebenstehender Bestellschein zur Verfügung. Tragen Sie die erforderlichen Stückzahlen ein. Bestellen Sie die Formate so, dass bei der Verarbeitung alle Bleche passen und keins zer- oder angesägt werden muss.

Bestellschein Riffelblech	
Abmessungen in mm	Anzahl
500 x 500	
500 x 800	
500 x 1.000	
500 x 1.200	
800 x 1.000	
800 x 1.200	
1.000 x 1.200	
1.000 x 2.000	
1.000 x 2.500	

21. Ein Shop hat zwecks Kostensenkung die herkömmlichen Lampen durch LED-Leuchten ersetzt:
17 Punktstrahler je 100 W wurden durch 17 Stück 18-Watt-LED-Leuchten ersetzt, 9 Breitstrahler je 50 W durch 9 Stück LED-Leuchten je 8 W und 6 Farbstrahler je 60 W durch 6 Stück LEDs je 10 W.
Wie hoch ist die monatliche Kosteneinsparung, wenn wir einen Preis von 25 Cent je kW/h annehmen? Die Beleuchtung ist durchschnittlich 26 Tage im Monat und jeweils von 9:24 Uhr bis 20:12 Uhr in Betrieb.

Sachwörterverzeichnis